코딩 · SW · AI 이해에 꼭 필요한

# 초등 코딩 사고력 수학

Coding

## 4단계

SW 영재교육원 대비

# 이 책을 펴내며

## 4차 산업혁명, 인공지능(AI), 소프트웨어, 코딩, 개발자, 융합기술

위의 단어들은 이 책을 펼친 여러분도 많이 들어 보셨을 단어들로, 요즘 우리들에게 익숙한 용어입니다. 또한, 이 단어들을 빼놓고 미래 사회에 대해 이야기 하는 것은 쉽지 않습니다. 인공지능이 일상 곳곳에 스며들고, 점점 더 많은 사람들이 코딩에 관심을 가지고 있습니다. 또한, 여러 매체에서는 최첨단 융합기술을 화려하게 소개하고 있습니다. 기술의 발전에 따라 우리 사회의 구조도 이전과는 다른 모습으로 변화하고 있으며, 학생들은 장래희망으로 개발자, 프로그래머, 데이터 과학자를 말합니다.

앞으로 10년, 20년, 30년 뒤 우리는 어떤 세상에 살고 있을까요? 기술은 계속해서 발전하고, 그에 따라 사회는 끊임없이 변화합니다. 이러한 변화무쌍한 미래 사회에 적응하기 위해 우리는 어떤 능력을 길러야 할까요?

미래 사회를 대비한 현재의 소프트웨어 교육의 목적은 '정보와 컴퓨팅 소양을 갖추고 더불어 살아가는 창의 · 융합적인 사람'을 기르는 것입니다. 여기서 창의 · 융합적인 사람은 자신이 가진 '컴퓨팅 사고력'을 활용하여 여러 문제를 해결할 수 있는 창의 · 융합적 능력과 협력적 태도를 가진 사람입니다.

현재 소프트웨어 교육 시간에 익히는 코딩 기술이 20년 뒤에도 여전히 통용되리라고는 장담할 수 없지만 학습 과정에서 익힌 사고의 힘, 즉 사고력만은 미래에도 그 가치가 빛날 것입니다. 따라서 우리가 학습의 과정에서 길러야 하는 것은 "사고력"입니다. 튼튼한 사고력이 바탕이 되어야 창의적 문제해결력이 빛을 발하는 문제를 풀고, 블록 코딩을 하고, 앱을 개발하며, 시스템을 구축하는 모든 일들을 멋지게 해낼 수 있습니다.

# 사고력이란 무엇이고 어떻게 기를 수 있을까요?

힌트를 드리겠습니다. 아래의 표에서 수학적 사고력과 컴퓨팅 사고력의 공통점을 찾아 보세요.

| 구분 | 수학적 사고력 | 컴퓨팅 사고력 |
|---|---|---|
| 개념 | 수학적 지식을 형성하는 과정 중 생겨나는 폭넓은 사고 작용 | 컴퓨팅의 개념과 원리를 기반으로 문제를 효율적으로 해결할 수 있는 사고 능력 |
| 활용 | • 수학적 지식을 활용하여 문제 해결에 필요한 정보를 발견 · 분석 · 조직하기<br>• 문제 해결에 필요한 알고리즘 및 전략을 개발하고 활용하기<br>• 수학적으로 추론하고 그에 대한 타당성을 검증하고 논리적으로 증명하기<br>• 수학적 경험을 바탕으로 수학적 지식의 영역을 넓히기 | • 문제를 컴퓨터에서 해결 가능한 형태로 구조화하기<br>• 알고리즘적 사고를 통하여 문제 해결 방법을 자동화하기<br>• 자료를 분석하고 논리적으로 조직하기<br>• 효율적인 해결 방법을 수행하고 검증하기<br>• 모델링이나 시뮬레이션 등의 추상화를 통해 자료를 표현하기<br>• 문제 해결 과정을 다른 문제에 적용하고 일반화하기 |

위의 공통점을 통해 알 수 있듯이 사고력을 기르기 위해서는 자신이 알고 있는 지식을 동원하여 문제를 해결하는 과정을 거쳐야만 합니다. 문제를 구조화하고, 추상화하고, 분해하고, 모델링해 보는 과정을 거치며, 문제 해결에 필요한 알고리즘을 구합니다. 그 뒤 문제를 해결하기 위해 구해 놨던 알고리즘에 적용하고 수정하는 과정에서 사고의 세계는 끊임없이 확장됩니다.

이 책은 코딩의 개념이 가미된 사고력 수학 문제들을 학생들이 풀어 보면서 컴퓨팅 사고력을 기르는 것을 궁극적인 목표로 삼고 있습니다. 문제에는 컴퓨팅 시스템, 알고리즘, 프로그래밍, 자료, 규칙성 등이 수학과 함께 녹아 들어 있습니다. 다양한 문제를 해결해 보는 과정에서 융합 사고력이 자라나는 상쾌한 자극을 느껴 보세요.

학교 현장에서 수많은 학생들과 창의사고 수학 및 SW 교육을 하며 느낀 것은 사고력이 뛰어난 학생들은 다양한 분야에서 재기 발랄함을 뽐낸다는 것입니다. 문제에 대해 고민하고, 해결을 시도하고, 방법을 수정 · 완성하며 여러분의 사고력 나무가 쑥쑥 자라 미래 사회 그 어디에서도 적응할 수 있는 든든한 기둥으로 자리매김하기를 바랍니다.

2024년 2월

**저자 일동**

# 교육과정에 도입된 소프트웨어 교육은 무엇일까?

## 소프트웨어 교육(SW 교육)은 무엇인가요?

기본적인 개념과 원리를 기반으로 다양한 문제를 창의적이고 효율적으로 해결하는 컴퓨팅 사고력(Computational Thinking)을 기르는 교육입니다.

## 소프트웨어 교육, 언제부터 배우나요?

초등학교 1~4학년은 창의적 체험 활동에 포함되어 배우며, 5~6학년은 실과 과목에서 본격적으로 배우기 시작합니다. 중학교, 고등학교에서는 정보 과목을 통해 배우게 됩니다.

## 초등학교에서 이루어지는 소프트웨어 교육은 무엇인가요?

체험과 놀이 중심으로 이루어집니다. 컴퓨터로 직접 하는 프로그래밍 활동보다는 놀이와 교육용 프로그래밍 언어를 통해 문제 해결 방법을 체험 중심의 언플러그드 활동으로 보다 쉽고 재미있게 배우게 됩니다. 그 후에는 엔트리, 스크래치와 같은 교육용 프로그래밍 언어와 교구를 활용한 피지컬 컴퓨팅 교육으로 이어집니다.

※ **언플러그드:** 컴퓨터가 필요 없으며 놀이 중심으로 컴퓨터 과학의 기본 원리와 개념을 몸소 체험하며 배우는 교육 방법입니다.

※ **피지컬 컴퓨팅:** 학생들이 실제 만질 수 있는 보드나 로봇 등의 교구를 이용하여 SW 개념을 학습하는 교육 방법입니다.

## 초등학교에서 추구하는 소프트웨어 교육의 방향은 무엇인가요?

궁극적인 목표는 컴퓨팅 사고력을 지닌 창의 · 융합형 인재를 기르는 것입니다. 과거에 중시했던 컴퓨터 자체를 활용하는 능력보다는, 컴퓨터가 생각하는 방식을 이해하고 일상생활에서 접하는 문제를 절차적이고 논리적으로 해결하는 창의력과 사고력을 길러 창의 · 융합형 인재를 양성하는 데 그 목적이 있습니다.

## 컴퓨팅 사고력이란 무엇인가요?

컴퓨팅의 기본적인 개념과 원리를 기반으로 문제를 효율적으로 해결할 수 있는 사고 능력을 뜻합니다.

| 컴퓨팅 사고력의 구성 요소 | ❶ 문제를 컴퓨터로 해결할 수 있는 형태로 구조화하기<br>❷ 자료를 분석하고 논리적으로 조직하기<br>❸ 모델링이나 시뮬레이션 등의 추상화를 통해 자료를 표현하기<br>❹ 알고리즘적 사고를 통해 해결 방법을 자동화하기<br>❺ 효율적인 해결 방법을 수행하고 검증하기<br>❻ 문제 해결 과정을 다른 문제에 적용하고 일반화하기 |
|---|---|

### 컴퓨팅 사고력과 수학적 사고력은 무슨 관련이 있나요?

수학적 사고력이란 수학적 지식을 형성하는 과정 중에서 생겨나는 폭넓게 사고하는 능력을 뜻합니다. 즉, 수학적 지식을 활용해서 문제 해결에 필요한 정보를 발견 · 분석 · 조직하고, 문제 해결에 필요한 알고리즘 및 전략을 개발하여 활용하는 것을 의미합니다. 이는 컴퓨팅 사고력과 밀접한 관련이 있습니다. 왜냐하면 결국 수학적 사고력과 컴퓨팅 사고력 모두 실생활에서 접하는 문제를 발견 · 분석하고, 논리적인 절차에 의해 문제를 해결하는 능력이기 때문입니다. 초등학교 소프트웨어 교육의 목표 또한 실질적으로 프로그래밍하는 능력이 아닌 문제를 절차적이고 논리적으로 해결하는 것이므로, 이러한 사고력을 기르기 위해 가장 밀접하고 중요한 과목이 바로 수학입니다. 따라서 수학적 사고력을 기른다면 컴퓨팅 사고력 또한 쉽게 길러질 수 있습니다. 논리적이고 절차적으로 생각하기, 이것이 바로 수학적 사고력의 핵심이자 컴퓨팅 사고력의 기본입니다.

# 교육과정에 도입된 소프트웨어 교육은 무엇일까?

## 문제마다 표기되어 있는 수학교과역량은 무엇을 의미합니까?

수학교과역량이란 수학 교육을 통해 길러야 할 기본적이고 필수적인 능력 또는 특성을 말합니다. 『2015 개정 수학과 교육과정』에서는 수학과의 성격을 제시하면서 창의적 역량을 갖춘 융합 인재를 길러내기 위해 6가지 수학교과역량을 제시하고 있습니다.

### 1 문제 해결 역량

문제 해결 역량이란 해결 방법을 모르는 문제 상황에서 수학의 지식과 기능을 활용하여 해결 전략을 탐색하고, 최적의 해결 방안을 선택하여 주어진 문제를 해결하는 능력을 의미합니다.

### 2 추론 역량

추론 역량이란 수학적 사실을 추측하고 논리적으로 분석하고 정당화하며 그 과정을 반성하는 능력을 의미합니다.

### 3 창의 · 융합 역량

창의 · 융합 역량은 수학의 지식과 기능을 토대로 새롭고 의미있는 아이디어를 다양하고 풍부하게 산출하고 정교화하며, 여러 수학적 지식 · 기능 · 경험을 연결하거나 타 교과 혹은 실생활의 지식 · 기능 · 경험을 수학과 연결 · 융합하여 새로운 지식 · 기능 · 경험을 생성하고 문제를 해결하는 능력을 의미합니다.

### 4 의사소통 역량

의사소통 역량은 수학 지식이나 아이디어, 수학적 활동의 결과, 문제 해결 과정, 신념과 태도 등을 말이나 글, 그림, 기호로 표현하고 다른 사람의 아이디어를 이해하는 능력을 의미합니다.

### 5 정보 처리 역량

정보 처리 역량은 다양한 자료와 정보를 수집 · 정리 · 분석 · 해석 · 활용하고 적절한 공학적 도구나 교구를 선택 · 이용하여 자료와 정보를 효과적으로 처리하는 능력을 의미합니다.

### 6 태도 및 실천 역량

태도 및 실천 역량은 수학의 가치를 인식하고 자주적 수학 학습 태도와 민주 시민 의식을 갖추어 실천하는 능력을 의미합니다.

## 참고: 소프트웨어 교육 학교급별 내용 요소

| 영역 | 초등학교 | 중학교 |
|---|---|---|
| 생활과 소프트웨어 | **나와 소프트웨어**<br>• 소프트웨어와 생활 변화 | **소프트웨어의 활용과 중요성**<br>• 소프트웨어의 종류와 특징<br>• 소프트웨어의 활용과 중요성 |
| | **정보 윤리**<br>• 사이버공간에서의 예절<br>• 인터넷 중독과 예방<br>• 개인 정보 보호<br>• 저작권 보호 | **정보 윤리**<br>• 개인 정보 보호와 정보 보안<br>• 지적 재산의 보호와 정보 공유 |
| | | **정보기기의 구성과 정보 교류**<br>• 컴퓨터의 구성<br>• 네트워크와 정보 교류* |
| 알고리즘과 프로그래밍 | **문제 해결 과정의 체험**<br>• 문제의 이해와 구조화<br>• 문제 해결 방법 탐색 | **정보의 유형과 구조화**<br>• 정보의 유형<br>• 정보의 구조화* |
| | | **컴퓨팅 사고의 이해**<br>• 문제 해결 절차의 이해<br>• 문제 분석과 구조화<br>• 문제 해결 전략의 탐색 |
| | **알고리즘의 체험**<br>• 알고리즘의 개념<br>• 알고리즘의 체험 | **알고리즘의 이해**<br>• 알고리즘의 이해<br>• 알고리즘의 설계 |
| | **프로그래밍 체험**<br>• 프로그래밍의 이해<br>• 프로그래밍의 체험 | **프로그래밍의 이해**<br>• 프로그래밍 언어의 이해<br>• 프로그래밍의 기초 |
| 컴퓨팅과 문제 해결 | | **컴퓨팅 사고 기반의 문제 해결**<br>• 실생활의 문제 해결<br>• 다양한 영역의 문제 해결 |

※ 중학교의 '*'표는 〈심화과정〉의 내용 요소임

※ 출처: 소프트웨어 교육 운영 지침(교육부, 2015)

# 구성과 특장점

초등 코딩 사고력 수학의

**체계적인 구성**

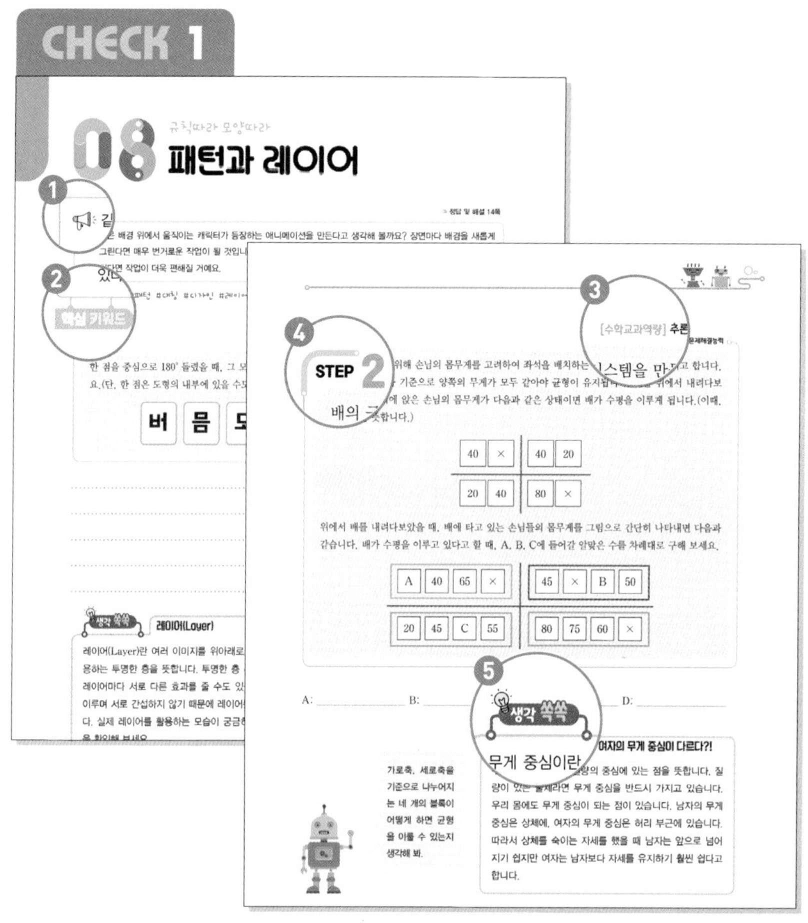

초등 코딩 사고력 수학의

**특별한 장점**

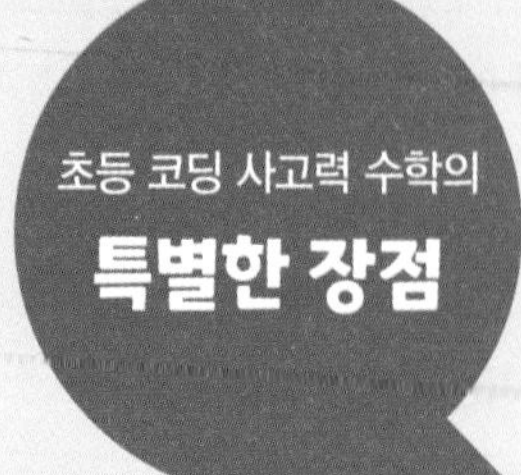

## 주제별, 개념별로 정리했습니다.

❶ 학습하게 될 내용을 간략하게 소개했습니다.

❷ 반드시 알아 두어야 할 핵심 키워드! 기억해 두세요.

❸ 문제를 해결하면서 향상될 수 있는 수학교과역량을 알 수 있어요.

❹ 주제와 개념에 맞는 문제를 단계별로 연습할 수 있어요.

❺ 주제와 관련된 다양한 학습자료를 제공해 줘요.

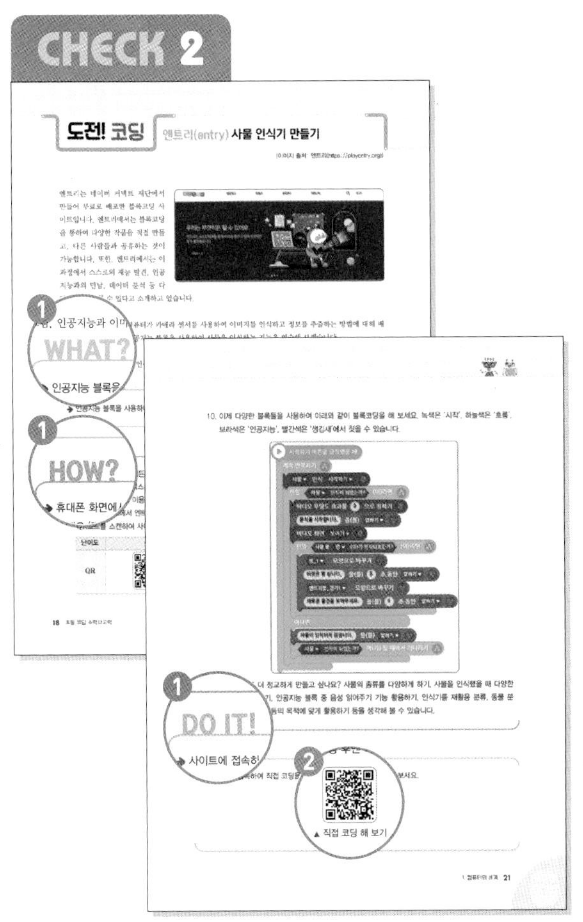

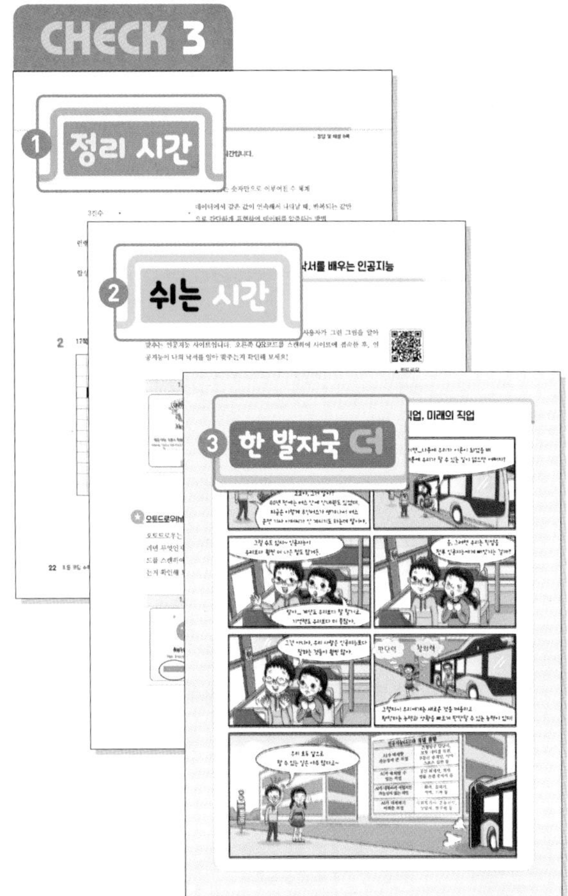

## 학습한 코딩을 직접 실행해 볼 수 있도록 정리했습니다.

❶ 스크래치, 엔트리 등의 다양한 코딩을 WHAT?, HOW?, DO IT!의 순서로 차근차근 따라해 봐요.

❷ 큐알(QR) 코드를 통해 코딩 실행 영상을 볼 수 있으며, 직접 실행해 볼 수도 있어요.

## 다양하게 학습을 마무리할 수 있도록 정리했습니다.

❶ 그 단원에서 배운 개념들을 정리해 보는 시간입니다.

❷ 개념과 관련된 플러그드, 언플러그드 게임을 해 보는 시간입니다.

❸ 만화를 통해 배운 내용을 한 번 더 재미있게 정리해 볼 수 있어요.

# 이 책의 차례

## 1 컴퓨터의 세계



## 2 규칙대로 척척

## 3 알고리즘이 쑥쑥



## 4 나는야 데이터 탐정

# 이 책의 차례

## 5 네트워크를 지켜줘



## 본문 캐릭터 소개

**코코**
궁금한 것이 많고 발랄한 12살의 여학생

**퐁퐁**
친구들에게 알고 있는 지식을 설명해 주는 것을 좋아하는 똑똑한 12살의 남학생

# 1

# 컴퓨터의 세계

## 학습활동 체크체크

| 학습내용 | 공부한 날 | 개념 이해 | 문제 이해 | 복습한 날 |
|---|---|---|---|---|
| 1. 2진수와 규칙 | 월 일 | | | 월 일 |
| 2. 2진수와 진법 (1) | 월 일 | | | 월 일 |
| 3. 2진수와 진법 (2) | 월 일 | | | 월 일 |
| 4. 연산과 이미지 필터 | 월 일 | | | 월 일 |
| 5. RGB와 16진수 | 월 일 | | | 월 일 |
| 6. 이미지와 부호화 | 월 일 | | | 월 일 |
| 7. CPU와 속도 | 월 일 | | | 월 일 |
| 8. 압축과 부호화 | 월 일 | | | 월 일 |

01 컴퓨터처럼 수를 세요

# 2진수와 규칙

정답 및 해설 2쪽

컴퓨터는 2진수 수 체계를 사용합니다. 2진수는 1과 0으로만 이루어진 수 체계입니다. 따라서 컴퓨터가 이해할 수 있는 숫자는 1과 0뿐이에요.

핵심 키워드 #10진수 #2진수 #자릿값 #진수 변환 #규칙 찾기

## STEP 1

[수학교과역량] 추론능력, 창의·융합능력

다음은 0부터 7까지의 수를 □와 ■만을 이용하여 나타낸 [규칙]입니다.

규칙

| 수 | 표시 규칙 | 규칙 설명 |
|---|---|---|
| 0 | □□□ | □ 세 칸이 연결되어 있다. |
| 1 | □□■ | □ 두 칸이 연결된 후, ■ 한 칸이 연결되어 있다. |
| 2 | □■□ | □, ■, □의 순서로 한 칸씩 연결되어 있다. |
| 3 | □■■ | □ 한 칸이 나오고 그 뒤에 ■ 두 칸이 연결되어 있다. |
| 4 | ■□□ | ■ 한 칸이 나오고 그 뒤에 □ 두 칸이 연결되어 있다. |
| 5 | ■□■ | ■, □, ■의 순서로 한 칸씩 연결되어 있다. |
| 6 | ■■□ | ■ 두 칸이 연결된 후, □ 한 칸이 연결되어 있다. |
| 7 | ■■■ | ■ 세 칸이 연결되어 있다. |

0부터 7까지 모든 수가 규칙에 따라 나타날 수 있도록 아래 그림을 색칠해 봅시다.(단, 수는 시계 방향으로 연결된 세 칸을 이용해 나타내며, 순서대로 나열되지 않아도 됩니다.)

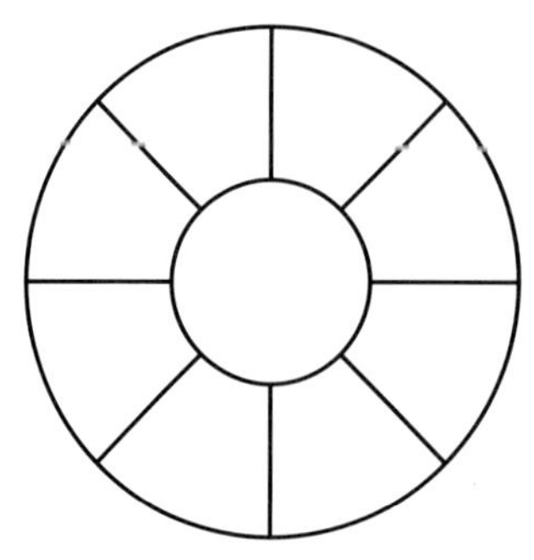

## STEP 2

[수학교과역량] 추론능력, 창의·융합능력

STEP 1의 [규칙]에 따라 0부터 15까지의 수를 □와 ■만을 이용하여 나타내면 다음과 같습니다.

| 수 | 표시 규칙 | 수 | 표시 규칙 |
|---|---|---|---|
| 0 | □□□□ | 8 | ■□□□ |
| 1 | □□□■ | 9 | ■□□■ |
| 2 | □□■□ | 10 | ■□■□ |
| 3 | □□■■ | 11 | ■□■■ |
| 4 | □■□□ | 12 | ■■□□ |
| 5 | □■□■ | 13 | ■■□■ |
| 6 | □■■□ | 14 | ■■■□ |
| 7 | □■■■ | 15 | ■■■■ |

0부터 15까지 모든 수를 규칙에 따라 나타내려면 아래 그림을 최소 몇 조각으로 나누어야 하는지 구해 보세요.(단, 수는 시계 방향으로 연결된 네 칸을 이용해 나타내야 하며, 순서대로 나열되지 않아도 됩니다.)

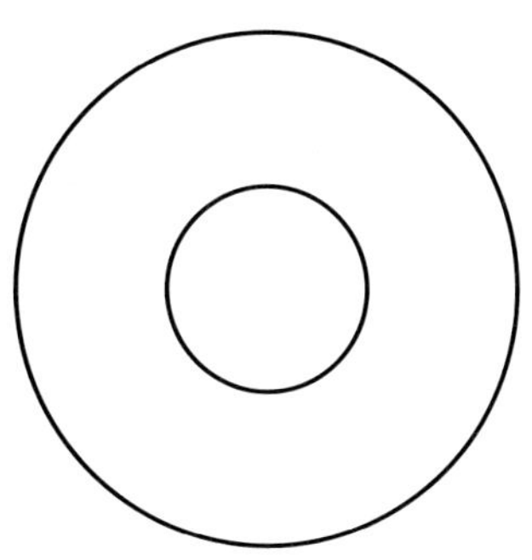

### 2진수와 □진수(단, □은 2부터 10까지의 수)

1과 0이라는 2개의 숫자만으로 이루어진 수 체계를 2진수라고 합니다. 그렇다면 0, 1, 2의 3개의 숫자만으로 이루어진 수 체계는 무엇일까요? 바로 3진수입니다. 그럼 9진수 체계에서는 어떤 숫자만을 사용해야 할까요? 0, 1, 2, 3, 4, 5, 6, 7, 8입니다. 이와 같이 □진수 체계에서는 0, 1, 2, ⋯, □−1의 숫자를 사용해서 나타냅니다.

02 컴퓨터처럼 수를 세요

# 2진수와 진법 (1)

≫ 정답 및 해설 2쪽

서로 다른 언어를 쓰는 한국인과 미국인이 원활하게 대화를 하려면 어떻게 해야 할까요? 국어를 영어로 또는 영어를 국어로 번역을 해야겠지요? 마찬가지로 서로 다른 수 체계를 사용하는 수들을 하나의 수 체계로 바꾸어 나타내야 해요. 이것을 신수 변환이라고 해요.

핵심 키워드 #10진수 #2진수 #자릿값 #진수 변환

## STEP 1

[수학교과역량] 추론능력

다음 표는 2진수의 자릿값을 10진수로 나타낸 것입니다. 이 표를 이용하여 10진수를 2진수로 변환하면 아래의 [예시]와 같습니다.

| 구분 | 여덟째 자리 | 일곱째 자리 | 여섯째 자리 | 다섯째 자리 | 넷째 자리 | 셋째 자리 | 둘째 자리 | 첫째 자리 |
|---|---|---|---|---|---|---|---|---|
| 2진수<br>(10진수로 변환한 값) | 1<br>(128) | 1<br>(64) | 1<br>(32) | 1<br>(16) | 1<br>(8) | 1<br>(4) | 1<br>(2) | 1<br>(1) |

예시

| 십진수 | 변환과정 → | 이진수 |
|---|---|---|
| 98 | 64+32+2 | 1100010 |
| 101 | 64+32+4+1 | 1100101 |

위의 표를 이용하여 [예시]와 같은 방법으로 10진수 45와 243을 각각 2진수로 변환해 보세요.

| 10진수 | 45 | 10진수 | 243 |
|---|---|---|---|
| 2진수 | | 2진수 | |

## bin( ), oct( ), dec( ), hex( )

파이썬 코딩 화면에서 bin( ), oct( ), dec( ), hex( )과 같은 기호를 종종 발견할 수 있습니다. bin은 binary(2진수), oct은 octal(8진수), dec는 decimal(10진수), hex는 hexadecial(16진수)의 줄임말입니다. bin( )는 괄호 안의 수를 2진수로 변환하라는 뜻입니다. 마찬가지로 oct( ), dec( ), hex( )도 괄호 안의 수를 각각 8진수, 10진수, 16진수로 변환하라는 뜻입니다.

1 단원

## STEP 2

[수학교과역량] **추론능력, 문제해결능력**

다음과 같은 2개의 표에는 어떤 문장이 숨겨져 있습니다. [힌트]를 참고하여 숨겨진 문장을 찾아 보세요.

**힌트**

48=32+16, 18=16+2이므로 10진수 48을 2진수로 나타내면 110000이고, 10진수 18을 2진수로 나타내면 10010입니다. 이때 아래 표에 숨겨진 단어는 딱다구리입니다.

| 48 | 딱 | 다 | 락 | 후 | 추 | 석 |
|---|---|---|---|---|---|---|
| 18 | 배 | 구 | 하 | 루 | 리 | 트 |

| 25 | 가 | 숫 | 자 | 랑 | 이 | 들 |
|---|---|---|---|---|---|---|
| 54 | ◆ | 속 | 도 | 에 | ◆ | ! |
| 8 | 그 | 한 | 글 | 씨 | 앗 | 공 |
| 49 | 자 | 들 | 차 | 석 | ◆ | 이 |

| 32 | ◆ | 곱 | 셈 | 표 | 식 | 물 |
|---|---|---|---|---|---|---|
| 19 | 날 | 숨 | ? | 반 | 겨 | 져 |
| 22 | 것 | ◆ | 다 | 있 | 어 | ◆ |
| 1 | 공 | 식 | 름 | 음 | 부 | ! |

03 컴퓨터처럼 수를 세요

# 2진수와 진법 (2)

≫ 정답 및 해설 3쪽

4와 8의 공통점은 무엇일까요? 2의 배수라는 공통점을 가지고 있어요. 4진수와 8진수를 2진수의 성질을 이용하여 계산하는 방법을 알아 볼까요?

핵심 키워드 #2진수 #4진수 #8진수 #진수 변환

## STEP 1

[수학교과역량] 추론능력

미래 주차장에는 특이한 규칙이 있습니다. 건물의 입구에 가까운 블록일수록 시간당 지불해야 하는 주차권이 늘어납니다. 한 블록은 2칸으로 구성되어 있으며, 블록 내에서 더 넓은 주차칸은 주차권을 2배 더 많이 지불해야 합니다.

**예시**

아래와 같이 주차가 되어 있다고 할 때, $[\{(1\times2)+(1\times1)\}\times4\times4\times1]+\{(1\times2)\times4\times1\}+\{(1\times1)\times1\}=57$ 이므로 미래 주차장의 주차요원이 한 시간 동안 받을 수 있는 주차권은 57장입니다.

| □×4×4×1 | □×4×1 | □×1 |
|---|---|---|
| 🚗 ⋮ 🚗 | 🚗 ⋮ | ⋮ 🚗 |
| $\{(1\times2)+(1\times1)\}\times4\times4\times1$ | $(1\times2)\times4\times1$ | $(1\times1)\times1$ |

다음과 같이 주차가 되어 있을 때, 미래 주차장의 주차요원이 한 시간 동안 받을 수 있는 주차요금은 얼마인지 구해 보세요.(단, 주차권은 한 장당 100원에 판매되고 있습니다.)

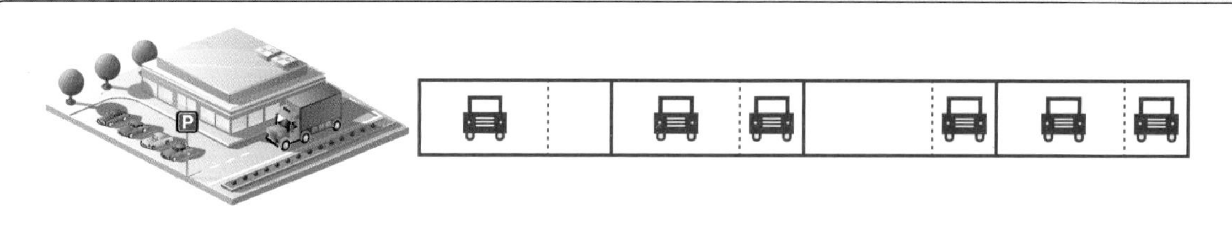

**STEP 2**

[수학교과역량] 추론능력, 문제해결능력

1 단원

미래 주차장은 주차선을 새롭게 그렸습니다. **STEP 1**과 같은 [규칙]으로 건물의 입구와 가까워질수록 시간당 지불해야 하는 주차권이 늘어납니다. 한 블록은 3칸으로 구성되어 있으며, 블록 내에서 주차 칸이 넓어질수록 주차권을 2배씩 더 많이 지불해야 합니다.

**예시**

아래와 같이 주차가 되어 있다고 할 때, $\{(1\times2)\times8\times8\times1\}+[\{(1\times4)+(1\times2)\}\times8\times1]+\{(1\times1)\times1\}=177$ 이므로 미래 주차장의 주차요원이 한 시간 동안 받을 수 있는 주차권은 177장입니다.

P 입구

| □×8×8×1 | □×8×1 | □×1 |
| --- | --- | --- |
| (1×2)×8×8×1 | {(1×4)+(1×2)}×8×1 | (1×1)×1 |

다음과 같이 주차가 되어 있을 때, 미래 주차장의 주차요원이 한 시간 동안 받을 수 있는 주차요금은 얼마인지 구해 보세요.(단, 주차권은 한 장당 100원에 판매되고 있습니다.)

P 입구

.....................

.....................

.....................

**생각 쑥쑥**

### 2진수를 4진수와 8진수로 변환하기

2진수를 4진수로 변환하려면 2진수의 2비트를 4진수 한 자리로 바꾸면 됩니다. 2진수 00, 01, 10, 11은 각각 4진수 0, 1, 2, 3으로 바꿉니다. 만약 2진수 101110이라면 4진수 232가 됩니다. 마찬가지로 2진수를 8진수로 변환하려면 2진수의 3비트를 8진수 한 자리로 바꾸면 됩니다. 2진수 000, 001, 010, 011, 100, 101, 110, 111은 각각 8진수 0, 1, 2, 3, 4, 5, 6, 7입니다. 만약 2진수 110010이라면 8진수 62가 됩니다.

컴퓨터처럼 조작해요

# 04 연산과 이미지 필터

정답 및 해설 4쪽

숫자로 이루어진 이미지 데이터를 컴퓨터가 쉽게 이해할 수 있도록 필터를 사용해서 정보를 집중시킨 이미지 데이터로 변화시켜 봅시다.

**핵심 키워드** #합성곱 연산 #이미지 #이미지 필터

## STEP 1

[수학교과역량] 추론능력

이미지에 필터를 씌워 이미지의 특성을 추출하려고 합니다. 이미지의 특성을 추출하는 [규칙]은 다음과 같습니다.

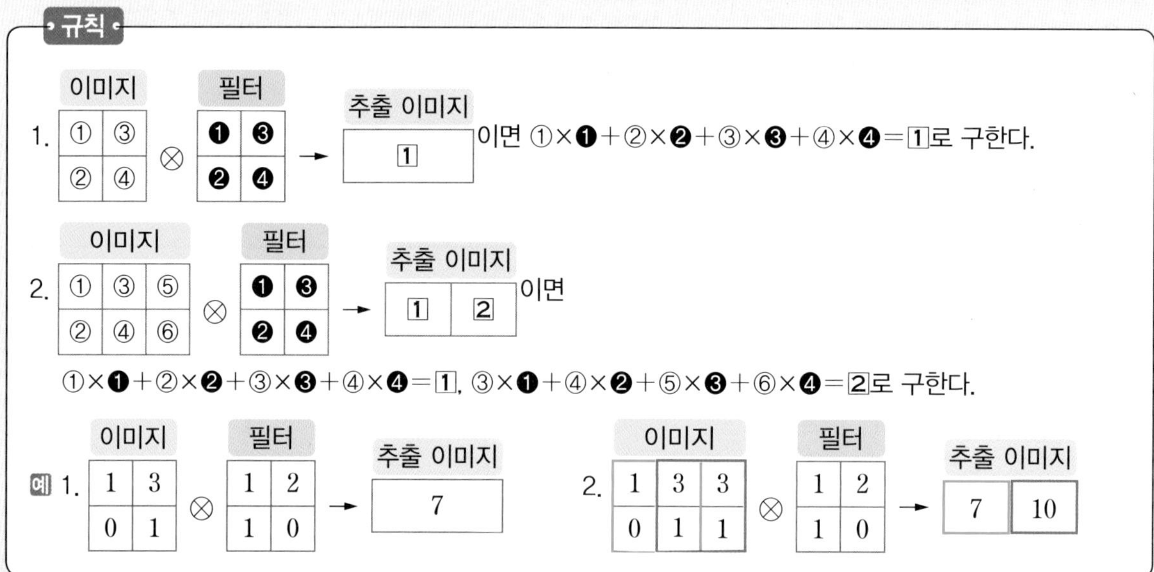


위의 [규칙]을 이용하여 아래 추출 이미지 속 빈칸을 채워 보세요.

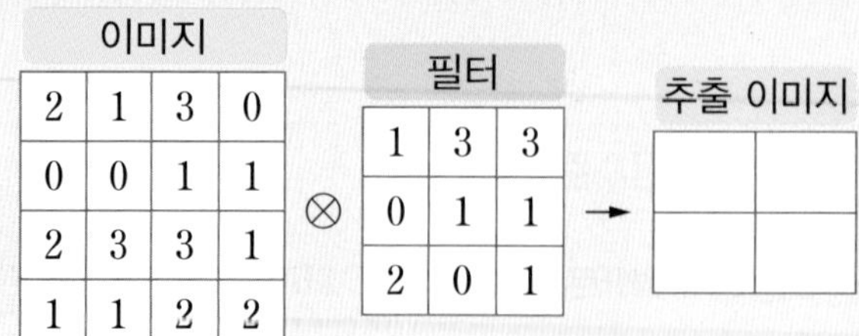

## STEP 2

[수학교과역량] 추론능력, 문제해결능력

이미지에 필터를 씌워 이미지의 특성을 추출하려고 합니다. **STEP 1**과 같은 이미지의 특성을 추출하는 [규칙]에 규칙 3을 더 추가했습니다.

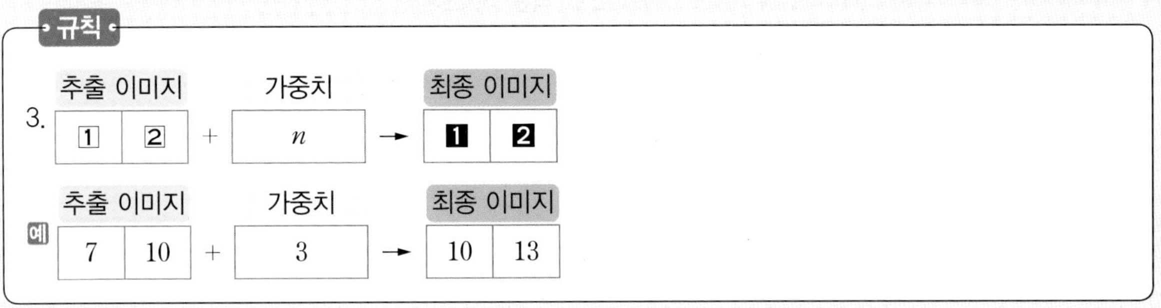


위의 [규칙]을 이용하여 아래 최종 이미지 속 빈칸을 채워 보세요.

이미지

| 2 | 1 | 3 | 0 | 1 |
|---|---|---|---|---|
| 0 | 0 | 1 | 1 | 1 |
| 2 | 3 | 3 | 1 | 0 |
| 1 | 1 | 2 | 2 | 1 |

⊗ 필터

| 1 | 3 | 0 |
|---|---|---|
| 0 | 1 | 1 |
| 2 | 0 | 1 |

\+ 가중치 3 →

최종 이미지

|  |  |  |
|---|---|---|
|  |  |  |
|  |  |  |

### 생각 쏙쏙 합성곱 신경망(Convolutional neural network; CNN)

카메라가 사람의 얼굴을 어떻게 구분할 수 있을까요?

합성곱 신경망은 인공지능이 이미지의 특징을 추출하여, 이미지의 성격을 판단하고 이미지를 분류하는 데 사용하는 기술입니다. 합성곱 연산을 활용한 이 기술은 이미지의 여러 부분에 필터를 적용하여 신경망에 입력시키는 작업을 통해 이미지 데이터의 핵심 영역을 추출해 냅니다. 이미지뿐만 아니라 영상, 음성 등에도 활용 가능한 이 기술은 이미지, 동영상, 음성 인식 및 분류, 추천 시스템 등에 활발하게 사용되고 있습니다.

05 알록달록 색칠해요

# RGB와 16진수

≫ 정답 및 해설 5쪽

RGB는 빛의 삼원색으로 빨간색(RED), 초록색(GREEN), 파란색(BLUE)을 이용하여 이미지나 영상을 표현하는 방식을 말합니다. RGB는 TV나 모니터에서 색을 표현하는 데 주로 사용되며, 16진수로 표현합니다.

핵심 키워드 #RGB #화소 #빛의 삼원색 #픽셀 #16진수

## STEP 1

[수학교과역량] 추론능력, 창의·융합능력

RGB는 빨간색, 초록색, 파란색을 이용하여 이미지나 영상을 표현하는 방법으로, 세 가지 빛을 조합하여 다양한 색을 표현할 수 있습니다. 그리고 각 색을 0에서부터 255까지, 총 256단계로 다음과 같이 숫자를 이용해 색을 나타냅니다. 다음의 RGB 표현 방법을 보고, <보기>에서 알맞은 색상을 찾아 기호를 써 보세요.

**RGB(빨간색의 단계, 초록색의 단계, 파란색의 단계)**

예를 들어, RGB(255, 0, 0)은 빨간색의 단계가 가장 높고 초록색과 파란색의 단계가 0이므로 오직 빨간색만 나옵니다.
또, RGB(255, 255, 0)는 파란색의 단계가 0이고 빨간색과 초록색이 같은 비율로 섞였으므로 노란색이 나옵니다.

RGB(255, 0, 0)= ▇, RGB(255, 255, 0)= ▇

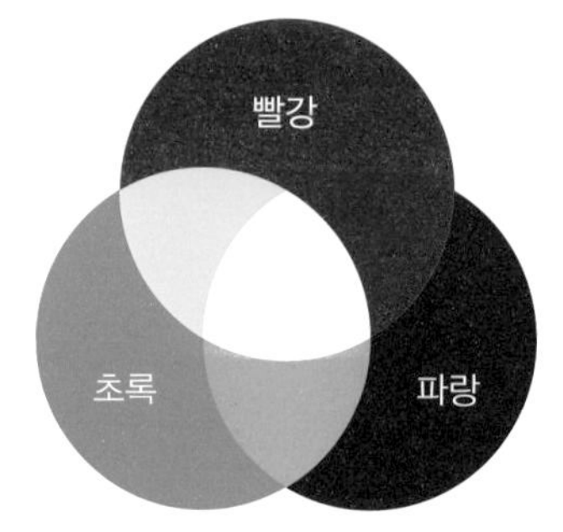


보기

ㄱ. ▇　　ㄴ. ▇　　ㄷ. ▇　　ㄹ. ▇

(1) RGB(37, 37, 245)=　　(2) RGB(172, 0, 255)=

(1) ______________ (2) ______________

### 빛의 삼원색 RGB 표현

RGB는 빛의 삼원색으로 빨간색, 초록색, 파란색을 이용해 색을 표현하는 방식입니다. RGB는 컴퓨터 모니터 화면이나 TV에서 색을 표현하는 데 주로 사용됩니다. 화소는 컴퓨터 모니터나 TV를 이루는 최소한의 단위로, 각 화소는 빨간색, 초록색, 파란색의 세 가지 색의 조합으로 만들어집니다. 각각 화소는 byte(바이트)라는 단위를 이용하며, 1byte는 0에서부터 255까지 총 256단계의 색을 나타낼 수 있습니다. RGB(빨간색의 단계, 초록색의 단계, 파란색의 단계), 즉 RGB(100, 255, 0)과 같은 방식으로 표현합니다.



## STEP 2

[수학교과역량] 추론능력, 문제해결능력

다음 표와 같이 16진수 체계는 수와 문자의 조합으로 표현되는데, 0, 1, 2, 3, 4, 5, 6, 7, 8, 9, A, B, C, D, E, F로 만들어집니다.

| 10진수 | 0 | 1 | ⋯ | 9 | 10 | 11 | 12 | 13 | 14 | 15 |
|---|---|---|---|---|---|---|---|---|---|---|
| 16진수 | 0 | 1 | ⋯ | 9 | A | B | C | D | E | F |

RGB는 아래 [규칙]과 같이 16진수의 수 조합으로 나타낸다고 할 때, ㉠, ㉡, ㉢에 들어갈 알맞은 수를 차례로 구해 보세요.

**규칙**

1. RGB는 여섯 자리로, 수와 문자의 조합으로 나타냅니다.
2. 처음 두 자리는 R, 다음 두 자리는 G, 마지막 두 자리는 B입니다.
3. 각 두 자리 문자열은 0~255에 해당되는 16진수로, 이 수를 10진수로 변환하여 나타냅니다.
   두 자리 문자열에서 첫 번째 수 또는 문자가 나타내는 수에는 16을, 두 번째 수 또는 문자가 나타내는 수에는 1을 곱한 후 두 수를 더하면 구할 수 있습니다.

예 ■를 나타내는 FFA500에서 FF → $15\times16+15\times1=255$, A5 → $10\times16+5\times1=165$,
00 → $0\times16+0\times1=0$이므로 ■=FFA500=RGB(225, 165, 0)을 뜻합니다.

| 색상 | 16진법 | RGB |
|---|---|---|
| ■ | 49B9EE | RGB (㉠, ㉡, ㉢) |

㉠: ____________, ㉡: ____________, ㉢: ____________

06 간단하게 나타내기

# 이미지와 부호화

» 정답 및 해설 6쪽

우리가 일상에서 사용하는 숫자, 문자, 이미지, 소리 등을 컴퓨터가 이해할 수 있도록 바꾸어 주는 부호화(Encoding)의 과정에 대해 알아 볼까요?

핵심 키워드 #이미지 #이미지 부호화

## 부호화(Encoding)

우리가 일상에서 사용하는 숫자, 문자, 이미지와 같은 데이터는 컴퓨터가 이해할 수 있도록 1과 0을 사용하여 디지털로 표현해야 합니다. 이렇게 컴퓨터가 이해할 수 있도록 형식을 변환하는 작업을 부호화(Encoding)라고 합니다. 데이터를 다른 형식으로 변환하여 처리하는 부호화 과정은 컴퓨터에서 데이터를 효율적으로 저장하고 처리하기 위하여 꼭 필요한 과정입니다.

## STEP 1

[수학교과역량] 문제해결능력

컴퓨터는 사진이나 그림과 같은 이미지를 비트로 표현하여 부호화할 수 있습니다. 이때, 이미지의 색은 한 *픽셀을 몇 *비트로 구성하느냐에 따라 표현 가능한 색깔의 수가 달라집니다. 예를 들어 흑백 이미지는 0과 1의 1비트($2^1=2$), 4가지 색의 이미지는 2비트($2^2=2\times2=4$)로 표현할 수 있습니다. 다음 그림을 표현하기 위해서는 최소 몇 비트가 필요한지 구해 보세요.

* 픽셀: 이미지를 구성하는 최소 단위인 점으로, 화소라고도 함.
* 비트: 컴퓨터에서 처리하는 정보를 표현하는 가장 작은 단위로, 0과 1로 표현됨.

## STEP 2

[수학교과역량] 추론능력, 문제해결능력, 의사소통능력

흑백 이미지를 디지털 표현으로 부호화하면 오른쪽 표와 같습니다. 다음의 컬러 이미지를 흑백으로 인쇄하기 위하여 이미지를 변환했을 때, 변환된 흑백 이미지를 디지털 표현으로 부호화하여 나타내어 보세요. 또, 컬러 이미지를 흑백 이미지로 변환하는 과정에서 나타난 문제점을 서술해 보세요.

| 흑백 이미지 | 디지털 표현 |
| --- | --- |
| | 00 |
| | 01 |
| | 10 |
| | 11 |

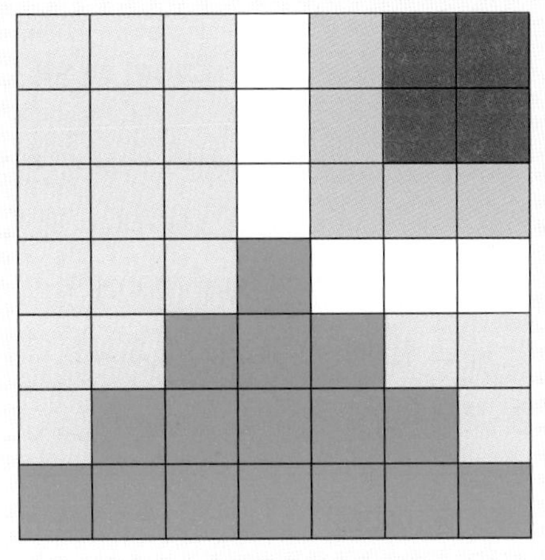

▲ 컬러 이미지

▲ 변환된 흑백 이미지

| | | | | | | |
| --- | --- | --- | --- | --- | --- | --- |
| | | | | 01 | 00 | 00 |
| | | | | | | |
| | | | | | | |
| | | | | | | |
| | | | | | | |
| | | | | | | |
| | | | | | | |

문제점:

1 단원

# 07 컴퓨터의 두뇌

# CPU와 속도

≫ 정답 및 해설 6쪽

CPU(중앙 처리 장치)는 컴퓨터의 두뇌 역할을 하는 장치로, 컴퓨터 연산 속도를 결정하는 중요한 장치입니다.

#컴퓨터 #하드웨어 #헤르츠(Hz) #CPU

## STEP 1

[수학교과역량] 추론능력, 문제해결능력

컴퓨터의 CPU(중앙 처리 장치)는 인간의 두뇌 역할을 하는 장치로, CPU의 처리 속도가 빠르면 빠를수록 연산 처리 속도가 빠릅니다. 연산 처리 속도의 단위는 초당 클럭 수를 나타내는 헤르츠(Hz)를 사용하는데, 1Hz는 1초에 1개의 연산을 처리할 수 있으며, 1000Hz는 1초에 1000개의 연산을 처리할 수 있음을 나타냅니다. 각 단위가 아래와 같이 늘어난다고 할 때, 2.9GHz, 3.5GHz의 두 종류의 CPU가 1초에 처리할 수 있는 연산의 개수의 차를 구해 보세요.

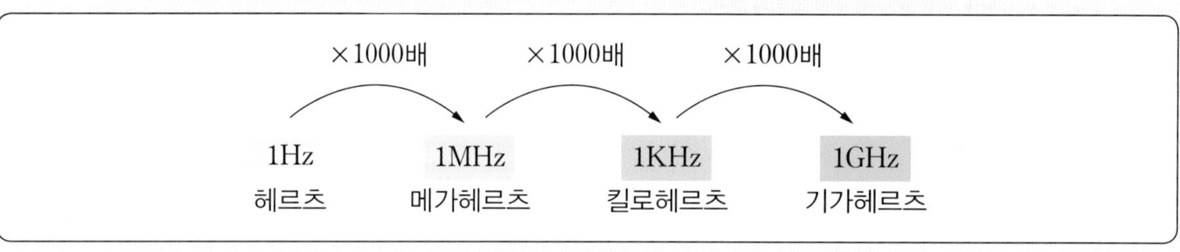

**STEP 2**

[수학교과역량] 문제해결능력



컴퓨터의 중앙 처리 장치(CPU)의 성능은 클럭(Clock)뿐만 아니라 코어(Core)도 중요합니다. 코어가 많을수록 한 번에 많은 일을 할 수 있습니다. 다음은 네 종류의 연산 장치가 사진 편집을 완성하는 데 걸리는 시간을 나타낸 표입니다. 이때 연산 장치 A, B, C, D를 모두 사용한 *쿼드코어로 사진 편집을 완성하려고 할 때, 걸리는 시간이 몇 분인지 구해 보세요.(단, 4개의 연산 장치를 통합해 사용하더라도 성능의 변화는 없습니다.)

| A | B | C | D |
|---|---|---|---|
| 2시간 | 4시간 | 6시간 | 3시간 |

*쿼드코어: 컴퓨터의 두뇌 역할을 하는 CPU(중앙 처리 장치)에 4개의 코어가 탑재된 제품

### 코어(Core)와 클럭(Clock)

중앙 처리 장치(CPU)의 성능을 이야기할 때, 코어(Core)와 클럭(Clock)을 함께 살펴보아야 합니다. 코어(Core)란 CPU의 핵심 연산 처리 장치로, 코어가 많을수록 한 번에 많은 일을 할 수 있습니다. 코어 1개는 싱글코어, 2개는 멀티코어, 4개는 쿼드코어라고 하며, 이와 같이 개수에 따라 코어의 명칭이 달라집니다. 코어가 많으면 한번에 많은 데이터를 처리할 수 있으므로 CPU의 처리 속도가 빨라집니다.
한편, 클럭(Clock)은 CPU의 연산 처리 속도를 나타내는 단위입니다. 1초당 CPU 내부에서 몇 단계의 작업이 진행되는지를 주파수의 단위인 헤르츠(Hz)로 나타냅니다. 클럭 또한 CPU의 처리 속도를 판단할 수 있는 중요한 지표입니다. 여러 개의 작업을 동시에 해야 하는 영상 편집 작업, 음악 편집 작업 등은 코어의 개수가 중요하며, 게이밍(Gaming)과 같이 한 작업의 속도가 빨라야 하는 작업은 연산 처리 속도인 클럭이 중요합니다.

# 08 효율적으로 압축해요
# 압축과 부호화

≫ 정답 및 해설 7쪽

컴퓨터는 문서와 이미지를 효율적으로 압축하기 위해 다양한 부호화 방식을 활용하고 있습니다. 다양한 압축 방법에 대해 알아 볼까요?

핵심 키워드 #런랭스 부호화 #비손실 압축 #샘플링

## STEP 1

[수학교과역량] 추론능력, 정보처리능력

다음은 문자열 'aaaabbbccdddd'를 부호화하여 압축하는 과정을 나타낸 것입니다.

a: 00, b: 01, c: 10, d: 11이라고 할 때, aaaabbbccdddd를 압축하여 나타내면 9111121118입니다.
그 과정은 다음과 같습니다.

| 단계 | 결과 | 설명 |
|---|---|---|
| 1단계 | aaaabbbccdddd → a4b3c2d4 | 각 문자가 쓰인 횟수를 수로 표현하여 나타낸다. |
| 2단계 | a4b3c2d4<br>→ 00000000010101101011111111 | 각 문자를 0과 1로 바꾸어 나열한다. |
| 3단계 | 00000000010101101011111111<br>→ 0911011101120111011 8 | 0과 1이 연달아 사용된 횟수를 0과 1 뒤에 함께 표기하여 나타낸다. |
| 4단계 | 09110111011201110118<br>→ 9111121118 | 0, 1이 연달아 사용된 횟수만 남기고 0, 1을 모두 삭제한다. |

위와 같은 방법으로 문자열을 부호화하여 압축한 결과가 911218일 때, 빈칸에 들어갈 처음의 문자열을 구해 보세요.(단, 문자열은 a, b, c, d의 순서대로 사용됩니다.)

[          ] → 911218

## 런렝스 부호화(Run-Length Encoding; RLE)

런렝스 부호화(Run－Length Encoding)는 손실이 발생하지 않는 대표적인 압축하는 방법으로, 데이터에서 같은 값이 연속하여 나타날 때 반복되는 값만으로 간단하게 표현하여 데이터를 압축하는 방법입니다. 런랭스 부호화 방식은 이미지 압축에 효율적인 방법이지만, 문자열은 오히려 부호화 과정에서 길어지게 되어 다른 부호화 방식을 사용합니다.

다음은 런렝스 부호화 [규칙]으로 이미지를 압축하여 나타낸 것입니다.

**규칙**

- 숫자는 연속하는 같은 색의 픽셀 수를 뜻한다.
- 색이 달라질 때는 ','를 사용하여 구분한다.
- 첫번째 숫자가 0일 때에는 흰색 픽셀로 시작하고, 이때 두 번째 숫자는 연속하는 흰색 픽셀 수를 뜻한다. 그 다음부터는 일반 규칙을 따른다.(단, 숫자 0이 나올 경우에도 ','를 사용하여 구분한다.)

| ■ | ■ | ■ | ■ | ■ | 5 |
|---|---|---|---|---|---|
| □ | □ | □ | □ | ■ | 0, 4, 1 |
| ■ | ■ | ■ | ■ | ■ | 5 |
| ■ | □ | □ | □ | □ | 1, 4 |
| ■ | □ | □ | □ | □ | 1, 4 |
| ■ | ■ | ■ | ■ | ■ | 5 |

**STEP 2** [수학교과역량] 추론능력

다음은 이미지를 압축하는 방법입니다.

**방법**

| ★ | ☆ | ★ | ☆ | ★ | ☆ | ★ | ☆ |
|---|---|---|---|---|---|---|---|
| ☆ | ☆ | ☆ | ☆ | ☆ | ☆ | ☆ | ☆ |
| ★ | ☆ | ★ | ☆ | ★ | ☆ | ★ | ☆ |
| ☆ | ☆ | ☆ | ☆ | ☆ | ☆ | ☆ | ☆ |

반복되는 규칙을 찾기 위해 주어진 이미지를 4×2 모양의 블록으로 나누어 생각합니다. 총 4개의 블록이 생깁니다. 그중 한 블록을 살펴보면 첫 번째 줄에는 2개의 검은색 별이, 두 번째 줄에는 0개의 검은색 별이 있습니다. 따라서 이 이미지를 압축하면 4 : 2 : 0입니다.

위의 [방법]을 보고 그 규칙을 유추하여 아래의 이미지를 압축해 보세요.

(1)

| ★ | ☆ | ☆ | ☆ | ★ | ☆ | ☆ | ☆ |
|---|---|---|---|---|---|---|---|
| ☆ | ☆ | ☆ | ★ | ☆ | ☆ | ☆ | ★ |
| ★ | ☆ | ☆ | ☆ | ★ | ☆ | ☆ | ☆ |
| ☆ | ☆ | ☆ | ★ | ☆ | ☆ | ☆ | ★ |

(2)

| ★ | ★ | ☆ | ☆ | ★ | ★ | ☆ | ☆ |
|---|---|---|---|---|---|---|---|
| ☆ | ☆ | ★ | ☆ | ☆ | ☆ | ★ | ☆ |
| ★ | ★ | ☆ | ☆ | ★ | ★ | ☆ | ☆ |
| ☆ | ☆ | ★ | ☆ | ☆ | ☆ | ★ | ☆ |
| ★ | ★ | ☆ | ☆ | ★ | ★ | ☆ | ☆ |
| ☆ | ☆ | ★ | ☆ | ☆ | ☆ | ★ | ☆ |

(1) ______________________ (2) ______________________

# 도전! 코딩 엔트리(entry) 사물 인식기 만들기

(이미지 출처: 엔트리(https://playentry.org))

엔트리는 네이버 커넥트 재단에서 만들어 무료로 배포한 블록코딩 사이트입니다. 엔트리에서는 블록코딩을 통하여 다양한 작품을 직접 만들고, 다른 사람들과 공유하는 것이 가능합니다. 또한, 엔트리에서는 이 과정에서 스스로의 재능 발견, 인공지능과의 만남, 데이터 분석 등 다양한 경험을 할 수 있다고 소개하고 있습니다.

이번 단원에서 우리는 컴퓨터가 카메라 센서를 사용하여 이미지를 인식하고 정보를 추출하는 방법에 대해 배웠습니다. 지금부터는 인공지능 블록을 사용하여 사물을 인식하는 기능을 연습해 보겠습니다.

그럼, 인공지능과 이미지 인식의 세계로 다함께 떠나 볼까요?

## WHAT?

➔ 인공지능 블록을 사용하여 사물을 인식해 봅시다.

## HOW?

➔ 휴대폰 화면에서는 모든 화면이 들어오지 않을 수 있으므로 정상 실행을 위해서는 탭이나 컴퓨터를 이용하세요.(단, 인터넷 익스플로러와 iOS는 지원하지 않습니다.)

➔ 데스크톱 컴퓨터를 이용할 때에는 웹캠을 연결해 주세요.

➔ 우선 미션 모드에서 엔트리의 기본 사용법을 익혀 봅시다.
QR코드를 스캔하여 사이트에 접속하면, 미션을 수행하며 엔트리의 기본 사용법을 배울 수 있습니다.

| 난이도 | 쉬움 | 보통 | 어려움 |
|---|---|---|---|
| QR | | | |

➔ 엔트리의 기본 사용법을 모두 익혔나요? 지금부터 본격적으로 인공지능 이미지 인식기를 만들어 보겠습니다.

1 단원

1. [작품 만들기]로 들어가면 아래와 같은 첫 화면을 만날 수 있습니다.

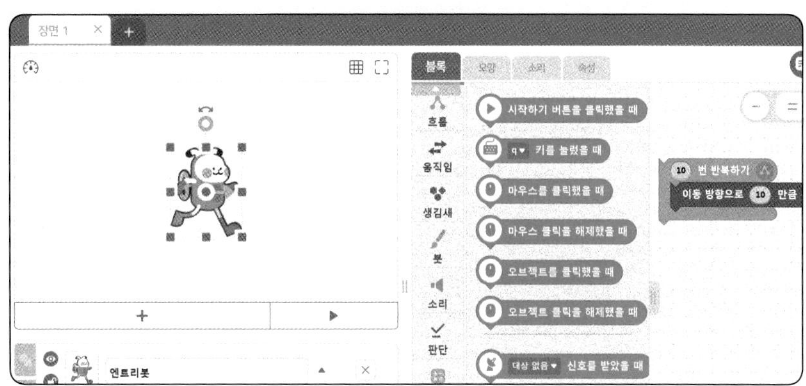

2. [모양] 탭으로 들어가서 [모양 추가하기] 버튼을 누르세요.

3. 오른쪽 상단을 보면, 검색창이 있습니다. 검색창에서 '병'을 검색합니다.
4. 원하는 병 모양을 선택한 뒤 [추가] 버튼을 누르세요.

5. 다시 [모양] 탭으로 돌아가, 병 모양을 누르고 크기를 키워 주세요.
그리고 [엔트리봇_걷기1]를 누르세요.

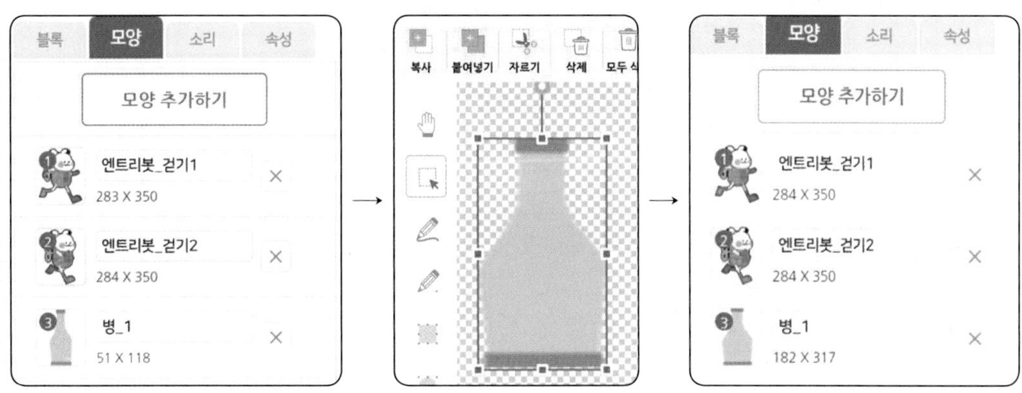

# 도전! 코딩

6. [블록] 탭으로 이동하겠습니다. 그리고 아래와 같은 팝업창이 뜨면, [확인] 버튼을 누르세요.

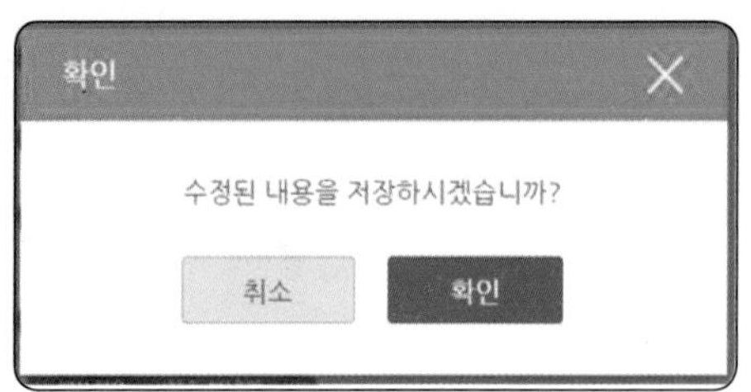


7. [블록] 탭에서 인공지능 을 눌러, [인공지능 블록 불러오기]를 선택하세요.

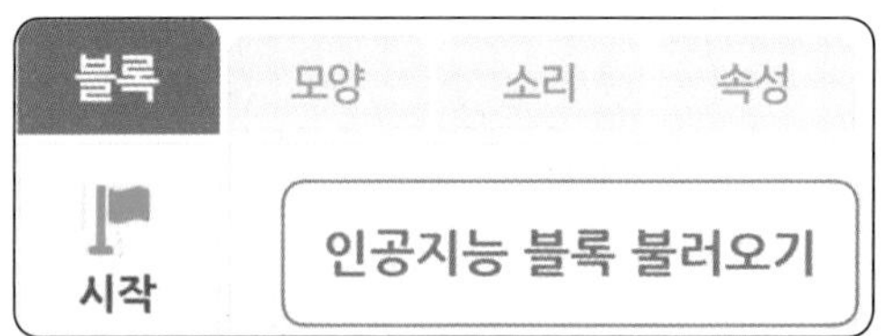


8. 비디오 감지를 추가해 주세요.(카메라가 연결되어 있어야 합니다. 인터넷 익스플로러와 iOS는 지원하지 않으니 유의해 주세요.)

9. [모양] 탭으로 이동하여 비디오 화면을 완전히 가리지 않도록 위치를 조정해 주세요.

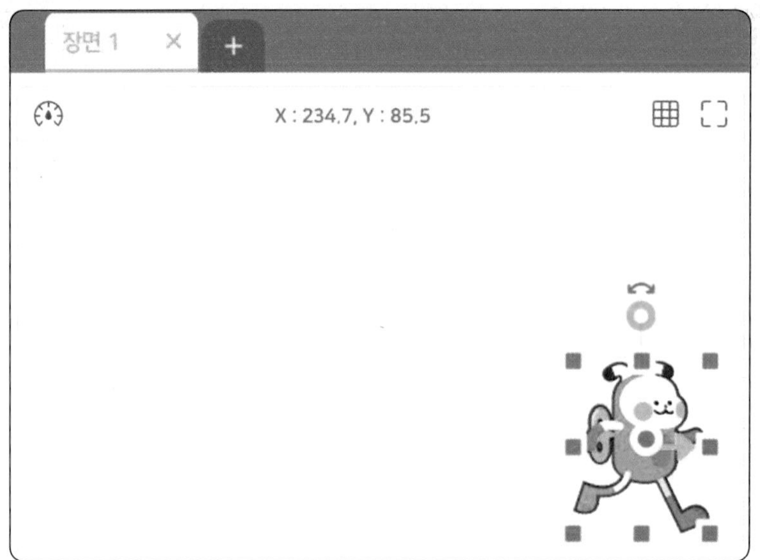

10. 이제 다양한 블록들을 사용하여 아래와 같이 블록코딩을 해 보세요. 녹색은 '시작', 하늘색은 '흐름', 보라색은 '인공지능', 빨간색은 '생김새'에서 찾을 수 있습니다.



```
시작하기 버튼을 클릭했을 때
계속 반복하기
  사물 ▾ 인식 시작하기 ▾
  만일 < 사물 ▾ 인식이 되었는가? > (이)라면
    비디오 투명도 효과를 (0) 으로 정하기
    (분석을 시작합니다.) 을(를) 말하기 ▾
    비디오 화면 보이기 ▾
    만일 < 사물 중 병 ▾ (이)가 인식되었는가? > (이)라면
      (병_1 ▾) 모양으로 바꾸기
      (이것은 병 입니다.) 을(를) (5) 초 동안 말하기 ▾
      (엔트리봇_걷기1 ▾) 모양으로 바꾸기
      (새로운 물건을 보여주세요.) 을(를) (4) 초 동안 말하기 ▾
  아니면
    (사물이 인식되지 않습니다.) 을(를) 말하기 ▾
    < 사물 ▾ 인식이 되었는가? > 이(가) 될 때까지 기다리기
```

tip 인식기를 더 정교하게 만들고 싶나요? 사물의 종류를 다양하게 하기, 사물을 인식했을 때 다양한 효과 추가하기, 인공지능 블록 중 음성 읽어주기 기능 활용하기, 인식기를 재활용 분류, 동물 분류, 식물 분류 등의 목적에 맞게 활용하기 등을 생각해 볼 수 있습니다.

## DO IT!

➔ 사이트에 접속하여 직접 코딩을 해 봅시다. 코딩 후엔 꼭 실행해 보세요.

▲ 직접 코딩 해 보기

# 정리 시간

▶ 정답 및 해설 8쪽

〈1단원-컴퓨터의 세계〉를 학습하며 배운 개념들을 정리해 보는 시간입니다.

**1** 용어에 알맞은 설명을 선으로 연결해 보세요.

|  | |  |
|---|---|---|
| 부호화 • | | • 0, 1, 2라는 숫자만으로 이루어진 수 체계 |
| 3진수 • | | • 데이터에서 같은 값이 연속해서 나타날 때, 반복되는 값만으로 간단하게 표현하여 데이터를 압축하는 방법 |
| 런랭스 부호화 • | | • 빛의 삼원색으로, 빨강색, 초록색, 파랑색을 이용하여 이미지나 영상을 표현하는 방식 |
| 합성곱 신경망 • | | • 인공지능이 이미지의 특징을 추출하여, 이미지의 성격을 판단하고 이미지를 분류하는 데 사용하는 기술 |
| RGB • | | • 컴퓨터가 이해할 수 있도록 형식을 변환하는 작업 |

**2** 17쪽 생각 쏙쏙 을 참고하여 다음 그림을 런렝스 부호화 방식으로 이미지를 압축해 보세요.

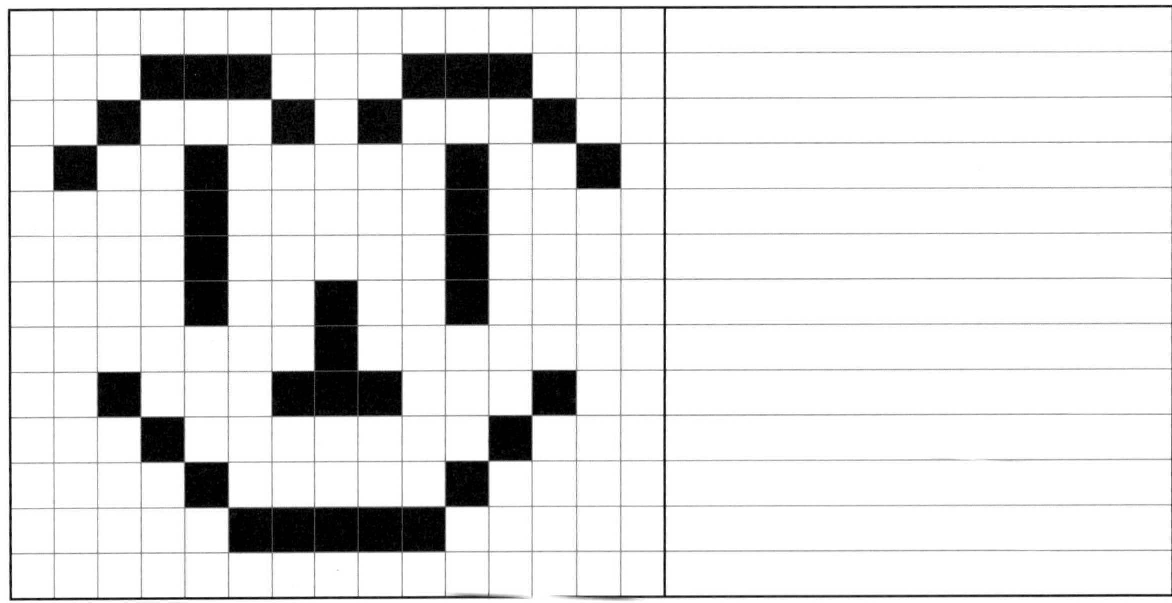

# 쉬는 시간 플러그드 코딩놀이 낙서를 배우는 인공지능



## 퀵드로우(https://quickdraw.withgoogle.com/)

퀵드로우는 전 세계인의 낙서 데이터를 학습·수집하여 사용자가 그린 그림을 알아맞추는 인공지능 사이트입니다. 오른쪽 QR코드를 스캔하여 사이트에 접속한 후, 인공지능이 나의 낙서를 알아 맞추는지 확인해 보세요!

▲ 퀵드로우

| 1. 시작하기 | 2. 시간 안에 제시하는 그림 그리기 | 3. 결과 확인하기 |
|---|---|---|

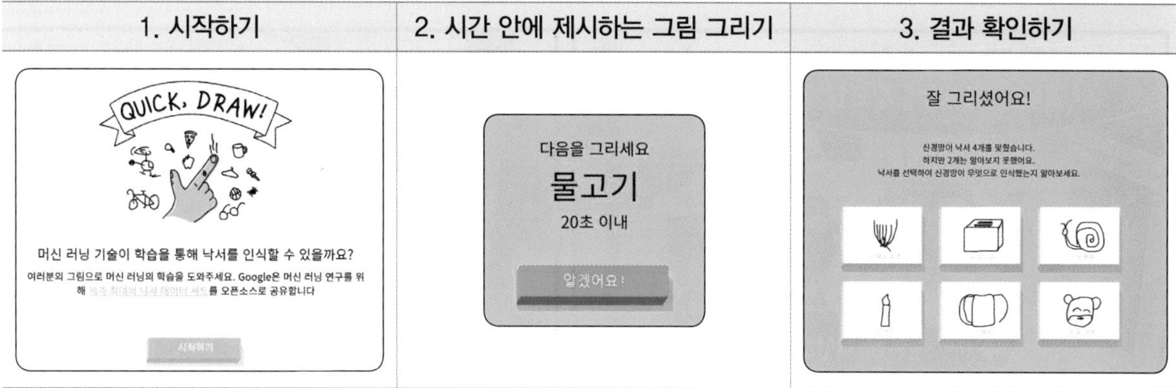


## 오토드로우(https://www.autodraw.com/)

오토드로우는 퀵드로우처럼 수많은 그림 데이터를 학습한 후, 사용자가 손그림을 그리면 무엇인지 인식하여 그림으로 변환해 주는 인공지능 사이트입니다. 오른쪽 QR코드를 스캔하여 사이트에 접속한 후, 인공지능이 나의 서툰 그림을 어떻게 변신시켜 주는지 확인해 보세요!

▲ 오토드로우

| 1. 시작하기 | 2. 손그림 그리기 | 3. 야구공 선택하기 |
|---|---|---|
| AutoDraw<br>Fast drawing for everyone.<br>Start Drawing / Fast How-To<br>This is an A.I. Experiment | | |

## 직업의 세계 과거의 직업, 미래의 직업

| 인공지능(AI)과 직업 전망 | |
|---|---|
| AI가 대체할 가능성이 큰 직업 | 은행창구 담당자, 보험 대리점 직원, 부동산 중개인, 약사 스포츠 심판 등 |
| AI가 대체할 수 있는 직업 | 공인 회계사, 의사, 법률 관련 종사자 등 |
| AI가 대체하기 어렵지만 가능성이 있는 직업 | 화가, 음악가, 작가, 기자 등 |
| AI가 대체하기 어려운 직업 | 사회복지사, 운동선수, 상담사, 연구원 등 |

# 2

# 규칙대로 척척

| 학습내용 | 공부한 날 | 개념 이해 | 문제 이해 | 복습한 날 |
|---|---|---|---|---|
| 1. 규칙과 자료 분석 | 월 일 | | | 월 일 |
| 2. 규칙과 추상화 | 월 일 | | | 월 일 |
| 3. 규칙과 웹서핑 | 월 일 | | | 월 일 |
| 4. 규칙과 창고 정리 | 월 일 | | | 월 일 |
| 5. 무게와 균형 | 월 일 | | | 월 일 |
| 6. 규칙과 변수 | 월 일 | | | 월 일 |
| 7. 패턴과 디자인 | 월 일 | | | 월 일 |
| 8. 패턴과 레이어 | 월 일 | | | 월 일 |

# 01 규칙 발견하기

# 규칙과 자료 분석

정답 및 해설 8쪽

문제 해결의 핵심은 넘치는 자료 속에서 내가 알고 싶은 부분과 관련된 자료를 정확하게 찾아내는 능력이에요. 자료를 꼼꼼하게 분석하여 규칙을 발견해 봅시다.

**핵심 키워드** #규칙 #컴퓨팅 사고력 #자료 분석

## STEP 1

[수학교과역량] 추론능력

중앙의 사각형 안에 들어갈 수는 사각형을 둘러싼 외부의 4개의 수들에 의해 결정됩니다. 중앙의 사각형 안에 들어갈 수를 구하는 규칙을 찾아 다섯 번째 그림의 알파벳을 사용하여 식으로 나타내어 보세요. 또한, 이 규칙을 이용하여 네 번째 그림의 중앙의 사각형 안에 들어갈 알맞은 수를 구해 보세요.

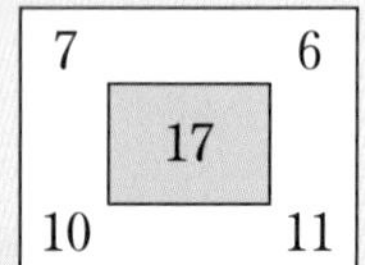


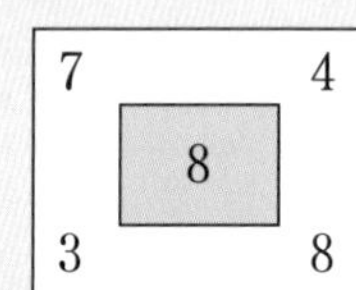


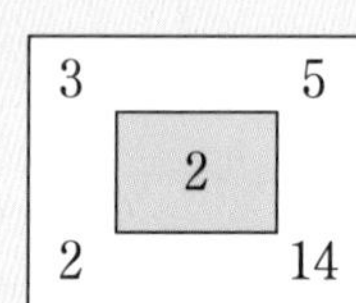


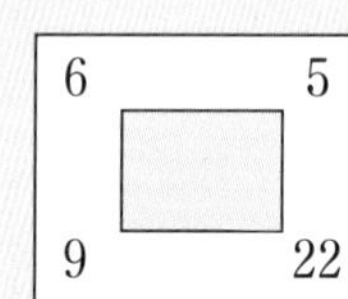


A B
E
D C

| 규칙을 나타낸 식 | 네 번째 그림의 중앙의 사각형 안에 들어갈 수 |
|---|---|
| | |

### 자료 분석이 컴퓨팅 사고력과 어떤 상관이 있을까요?

컴퓨팅 사고력은 컴퓨팅의 개념과 원리를 기반으로 문제를 논리적이고 효율적으로 해결하는 능력입니다. 따라서 주어진 자료를 논리에 따라 이해하고 분석하여 그 가운데서 규칙을 찾고, 문제 해결의 효율적인 방향을 잡는 일은 아주 중요합니다.

## STEP 2

[수학교과역량] 추론능력

중앙의 사각형 안에 들어갈 수는 사각형을 둘러싼 외부의 8개의 수들에 의해 결정됩니다. 중앙의 사각형 안에 들어갈 수를 구하는 규칙을 찾아 다섯 번째 그림의 알파벳을 사용하여 식으로 나타내어 보세요. 또한, 이 규칙을 이용하여 네 번째 그림의 중앙의 사각형 안에 들어갈 알맞은 수를 구해 보세요.

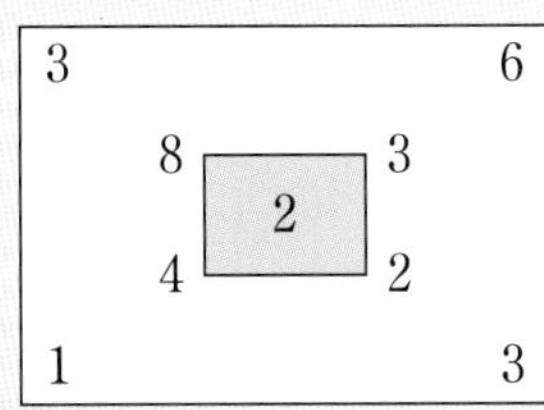


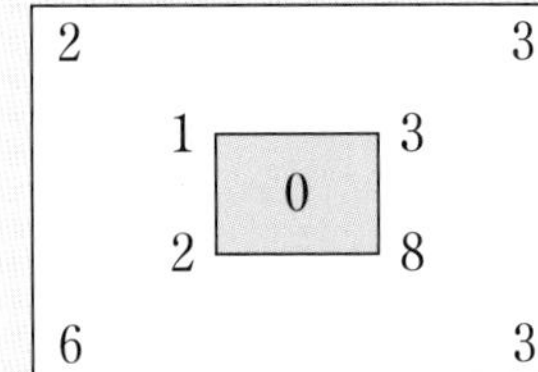


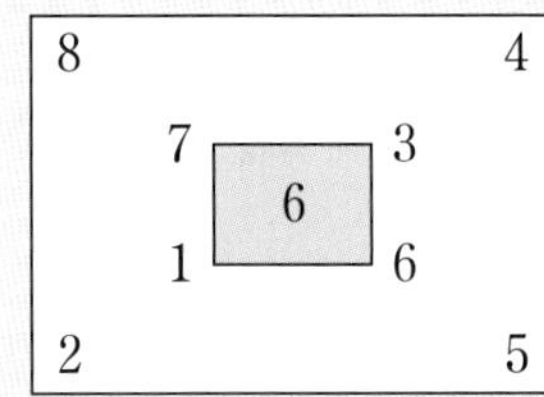


9 1
8 4
2 3
0 7

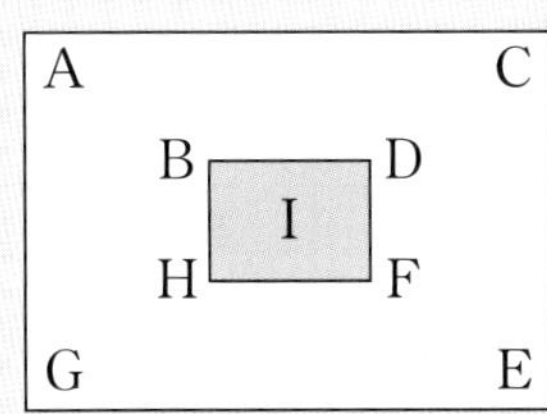


| 규칙을 나타낸 식 | 네 번째 그림의 중앙의 사각형 안에 들어갈 수 |
| --- | --- |
| | |

02 규칙따라 분석하기

# 규칙과 추상화

정답 및 해설 9쪽

복잡한 자료 속에서 규칙을 찾아본 경험이 있나요? 누구나 이해할 수 있도록 핵심만을 담아 자료를 다시 만들어 보세요.

핵심 키워드 #규칙 #입체도형 #자료 분석 #추상화

## STEP 1

[수학교과역량] 추론능력

다음은 7월 1~2주 퐁퐁이네 학교 점심 식단표입니다.

| 요일 | 월 | 화 | 수 | 목 | 금 | 월 | 화 | 수 | 목 | 금 |
|---|---|---|---|---|---|---|---|---|---|---|
| 날짜 | 1일 | 2일 | 3일 | 4일 | 5일 | 8일 | 9일 | 10일 | 11일 | 12일 |
| 밥 | 현미밥 | 현미밥 | 현미밥 | 현미밥 | 현미밥 | 현미밥 | 현미밥 | 현미밥 | 현미밥 | 현미밥 |
| 국 | 갈비탕 | | 갈비탕 | | 갈비탕 | | 갈비탕 | | 갈비탕 | |
| 반찬1 | 계란찜 | 제육볶음 | 계란찜 | 제육볶음 | 계란찜 | 제육볶음 | 계란찜 | 제육볶음 | 계란찜 | 제육볶음 |
| 반찬2 | 김치 | 김치 | 김치 | 김치 | 김치 | 김치 | 김치 | 김치 | 김치 | 김치 |
| 후식 | 우유 | 요거트 | 우유 | 요거트 | 우유 | 요거트 | 우유 | 요거트 | 우유 | 요거트 |

위의 식단표에서 규칙을 찾아 아래 표의 빈칸을 채워 점심 식단표를 간단하게 만들어 보세요.

| 매일 | | |
|---|---|---|
| 현미밥, | | |

## STEP 2

[수학교과역량] 추론능력, 문제해결능력

다음과 같이 표의 왼쪽의 수식을 입력하면 오른쪽과 같은 결과가 나온다고 합니다.

| 수식 | 결과 | | | | |
|---|---|---|---|---|---|
| =나머지(칸( )÷2)=1 | | | | | |

| 수식 | 결과 | | | | |
|---|---|---|---|---|---|
| =나머지(열( )÷2)=0 | | | | | |

결괏값을 보고, 입력한 수식들을 구해 보세요.(단, 나누는 수는 7 이하이고, 수식 C의 나머지가 수식 D의 나머지보다 작습니다.)

| 열에 대한 수식 / 칸에 대한 수식 | *수식 C AND 수식 D | | | | | | | | | | | | | | |
|---|---|---|---|---|---|---|---|---|---|---|---|---|---|---|---|
| 수식 A | | | | | | | | | | | | | | | |
| | | | | | | | | | | | | | | | |
| 수식 B | | | | | | | | | | | | | | | |
| | | | | | | | | | | | | | | | |
| 열/칸 번호 | 1 | 2 | 3 | 4 | 5 | 6 | 7 | 8 | 9 | 10 | 11 | 12 | 13 | 14 | 15 |

* 수식 ■ AND 수식 ●: 수식 ■을 적용하고, 수식 ●을 적용함.

| 수식 A | 수식 B | 수식 C | 수식 D |
|---|---|---|---|
| | | | |

### 추상화(Abstraction)의 과정

추상화(Abstraction)란 핵심 요소를 파악하여 대상을 간결하게 표현함으로써 작업의 복잡도를 줄여 주는 과정입니다. 추상화는 분해, 모델링, 알고리즘의 과정을 거쳐 완성됩니다. 분해는 문제를 작은 단계로 나누는 것입니다. 모델링은 분해 결과 알아낸 핵심요소를 가지고 문제를 해결할 수 있는 모델을 만드는 것입니다. 알고리즘은 문제 해결의 절차를 표현하는 것입니다. 이 세 단계를 순서대로 거쳐 현상이 문제 해결에 편리한 상태로 바뀌는 것을 추상화의 과정이라고 합니다.

# 03 규칙따라 착착
# 규칙과 웹서핑

정답 및 해설 10쪽

웹서핑을 하다가 '뒤로 가기' 기능을 사용해 본 경험이 있나요? '뒤로 가기' 버튼은 클릭했을 때 바로 직전에 사용했던 사이트로 이동시켜 주는 편리한 기능을 가지고 있어요.

핵심 키워드 #규칙 #스택 #후입선출

## STEP 1

[수학교과역량] 추론능력, 정보처리능력

코코는 소풍날 메고 갈 가방을 구매하기 위해 *웹서핑을 하고 있었습니다. 코코의 컴퓨터는 편리한 기능을 가지고 있는데 다음과 같은 [규칙]이 있습니다.

**규칙**

1. 사이트에 접속하면 메모리에 주소를 기록(PUSH)해 줍니다.
2. 되돌아가기(POP)를 사용하면 바로 직전에 방문한 사이트로 이동시켜 줍니다. 이와 동시에 메모리에 남은 기록이 사라집니다.
3. 기록(PUSH)은 1번 메모리 → 2번 메모리 → 3번 메모리 순서대로 입력되고, 한 메모리가 가득 차면 다른 메모리에 입력됩니다.
4. 되돌아가기(POP)는 입력한 순서와 거꾸로 이루어집니다.
5. ●번 메모리에 ★번째로 기록된 사이트의 위치를 (●, ★)로 나타냅니다. 예를 들어, 2번 메모리에 2번째로 기록된 사이트의 위치는 (2, 2)입니다.
6. 동일한 사이트에 2번 방문을 해도 각각 따로 기록됩니다.

현재 코코의 컴퓨터의 메모리의 용량은 아래와 같습니다.

| 입력 순서 \ 메모리 | 1번 메모리 | 2번 메모리 | 3번 메모리 |
|---|---|---|---|
| 3 | | | |
| 2 | | | |
| 1 | | | |

다음과 같은 기록이 남았을 때, 지금 코코가 보고 있는 사이트의 위치를 나타내어 보세요.

PUSH→PUSH→POP→PUSH→PUSH→PUSH→POP→PUSH→PUSH→POP→PUSH→PUSH

* 웹서핑: 인터넷에서 불특정한 웹 사이트를 이곳 저곳 둘러보는 것

( , )

## STEP 2

[수학교과역량] **추론능력, 정보처리능력**

퐁퐁이의 휴대폰은 **STEP 1**의 컴퓨터의 기능과 비슷한 [규칙]이 있습니다.

**규칙**

1. 사이트에 접속하면 메모리에 주소를 기록(PUSH)해 줍니다.
2. 되돌아가기(POP)를 사용하면 바로 직전에 방문한 사이트로 이동시켜 줍니다. 이와 동시에 메모리에 남은 기록이 사라집니다.
3. 기록(PUSH)은 1번 메모리 → 2번 메모리 → 3번 메모리 → 4번 메모리 순서대로 입력되고, 한 메모리가 가득 차면 다른 메모리에 입력됩니다.
4. 되돌아가기(POP)는 입력한 순서와 거꾸로 이루어집니다.
5. 메모리가 꽉 차고, 다음 번 메모리가 사용되는 순간 이전 메모리의 기록은 모두 임시 보관소로 이동합니다. 되돌아가기 (POP)가 일어나서 이전 메모리로 이동하게 될 시 임시 보관소에서 이전 메모리의 모든 기록이 다시 불러와집니다.
6. 1번 메모리에 입력이 ●개, 2번 메모리에 입력이 ★개, 3번 메모리에 입력이 ◆개 되어 있으면 [●, ★, ◆]로 나타냅니다. 1번 메모리에 입력이 3개, 2번 메모리에 입력이 0개, 3번 메모리에 입력이 0개 되어 있으면 [3, 0, 0]으로 나타냅니다.
7. 동일한 사이트에 2번 방문을 해도 각각 따로 기록됩니다.

현재 메모리의 용량은 아래와 같고, 현재 퐁퐁이의 휴대폰 메모리는 [0, 2, 0] 상태입니다.

| 4 | | | |
|---|---|---|---|
| 3 | | | |
| 2 | | | |
| 1 | | | |
| 입력 순서 \ 메모리 | 1번 메모리 | 2번 메모리 | 3번 메모리 |

퐁퐁이가 19번의 PUSH를 했다고 할 때, POP이 일어난 횟수는 총 몇 번인지 구해 보세요.

(단, 1번~3번 메모리가 모두 사용되었습니다.)

### 생각 쑥쑥 후입선출(Last In First Out)

스택(Stack)에 저장된 자료는 가장 나중에 들어간 것이 제일 먼저 사용됩니다. 그릇 더미를 상상해 봅시다. 가장 바닥에 놓인 그릇을 꺼내려면 제일 위에 있는 그릇부터 하나씩 꺼내야 합니다. 이처럼 스택 구조에서 자료를 꺼내기 위해서는 제일 마지막에 입력된 자료부터 먼저 사용합니다. 이를 컴퓨터 용어로 후입선출(Last In First Out; LIFO)이라고 합니다.

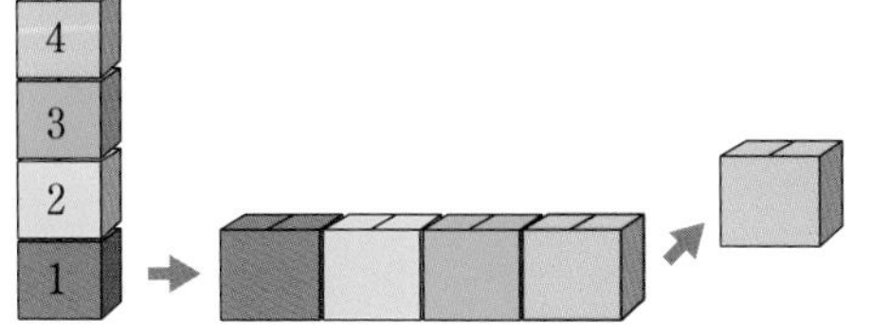

04 규칙따라 착착

# 규칙과 창고 정리

정답 및 해설 10쪽

인간이 하던 단순한 노동을 점점 로봇이 대신해서 하는 시대가 되어 가고 있어요. 대형 온라인 쇼핑몰의 창고에 쌓인 엄청나게 많은 짐들을 자동으로 정리하는 로봇도 등장했어요.

핵심 키워드 #규칙 #스택 #후입선출 #창고 정리

## STEP 1

[수학교과역량] **정보처리능력, 문제해결능력**

미래 이삿짐 센터에는 무거운 짐을 들어주는 로봇이 있습니다. 로봇은 트럭 앞에 쌓여있는 물건들을 순서대로 정리하려고 하는데 이 로봇이 짐을 트럭으로 옮기는 [규칙]은 다음과 같습니다.

**규칙**

1. 오른쪽에서 왼쪽 순서로 짐을 하나씩 처리한다.
2. 무게의 합이 100 kg 이상 120 kg 미만이 되면 트럭으로 옮긴다.
3. 무게의 합이 120 kg 이상이 되면 가장 마지막에 처리한 짐을 줄의 왼쪽 끝으로 이동시킨다.

짐이 아래 그림과 같이 배치되어 있을 때, [규칙]을 반복하여 로봇이 짐을 트럭으로 모두 옮기려고 합니다. 무게 75 kg 짐은 몇 번째 이동에서 트럭으로 옮겨지는지 구해 보세요.(단, 짐에 적힌 숫자의 단위는 kg입니다.)

## STEP 2

[수학교과역량] 정보처리능력, 문제해결능력

미래 이삿짐 센터의 로봇이 트럭에서 짐을 내리는 [규칙]은 아래와 같습니다.

**규칙**

1. 오른쪽에서 왼쪽 순서로 짐을 처리한다.
2. 앞에 있는 열의 짐을 모두 처리한 후에 뒤에 있는 열의 짐을 처리한다.
3. 무게의 합이 100 kg 이상 120 kg 이하가 되면 짐을 트럭에서 바닥으로 내린다.
4. 무게의 합이 120 kg을 초과하면 가장 마지막에 처리한 짐을 3열로 이동시킨다. 이때 3열로 짐을 옮겨 놓을 때는 왼쪽에서 오른쪽으로 순서대로 놓는다.



짐이 아래 그림과 같이 배열되어 있을 때, [규칙]을 반복하여 로봇이 트럭의 짐을 바닥으로 내리려고 합니다. 마지막까지 바닥으로 내리지 못하고 트럭에 남아있는 짐은 총 몇 kg인지 구해 보세요.(단, 짐 위에 적힌 숫자의 단위는 kg입니다.)

(　　　　　　　　kg)

### 정말 창고 정리를 담당하는 로봇이 있나요?

미국 온라인 쇼핑몰 아마존(Amazon)은 이미 몇 년 전부터 물류창고 관리를 로봇 키바(Kiva)에게 맡기고 있습니다. 수천 대의 키바 로봇은 창고 곳곳을 돌아다니며 무거운 물품이 담긴 선반을 통째로 옮기고 있습니다. 145 kg 가량의 로봇은 자신의 몸무게의 두 배 이상의 무게의 짐을 처리할 수 있습니다. 또한, 센서가 있어서 이를 이용하여 자유롭게 공간을 이동할 수 있습니다.

# 05 규칙따라 균형따라
# 무게와 균형

≫ 정답 및 해설 11쪽

체육시간에 평균대 위에서 균형을 잡아본 경험이 있나요? 물건 위에 물건을 올리며 균형을 잡아본 경험이 있나요? 무게와 균형의 관계를 살펴봅시다.

핵심 키워드 #규칙 #무게 #균형 #무게 중심

## STEP 1

[수학교과역량] 추론능력, 창의·융합능력

수평이 맞는 모빌을 만들려고 합니다. 모양과 크기가 같은 하트 장식물을 아래 [그림 1]과 같이 붙였을 때, 모빌이 수평을 이루었습니다.

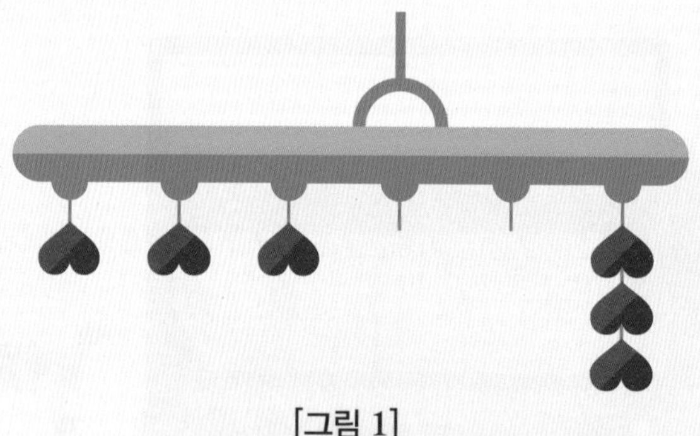

[그림 1]

다음 [그림 2]의 모빌의 수평을 맞추기 위해 녹색 막대기 ①, ②, ③의 위치에 파란색 구슬 8개를 어떻게 배치해야 하는지 모든 경우의 수를 구해 보세요.(단, 구슬의 모양과 무게는 모두 같고, 막대기의 무게, 실의 무게는 고려하지 않습니다.)

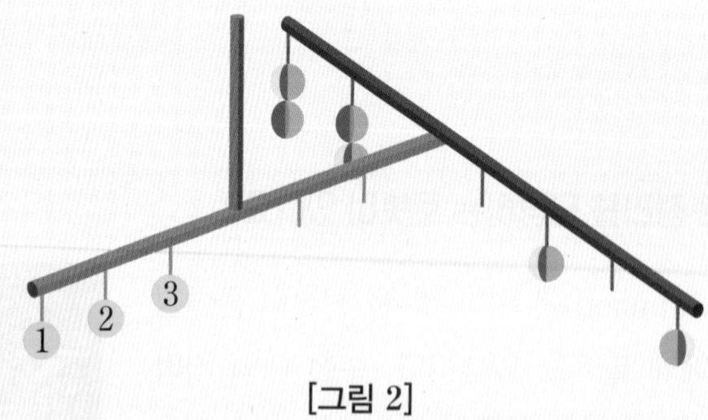


[그림 2]

## STEP 2

[수학교과역량] 추론능력, 문제해결능력

배의 균형을 잡기 위해 손님의 몸무게를 고려하여 좌석을 배치하는 발권 시스템을 만들려고 합니다. 가로축과 세로축을 기준으로 양쪽의 무게가 모두 같아야 균형이 유지됩니다. 배를 위에서 내려다보았을 때, 각 좌석에 앉은 손님의 몸무게가 다음과 같은 상태이면 배가 수평을 이루게 됩니다.(이때, ×는 공석을 뜻합니다.)

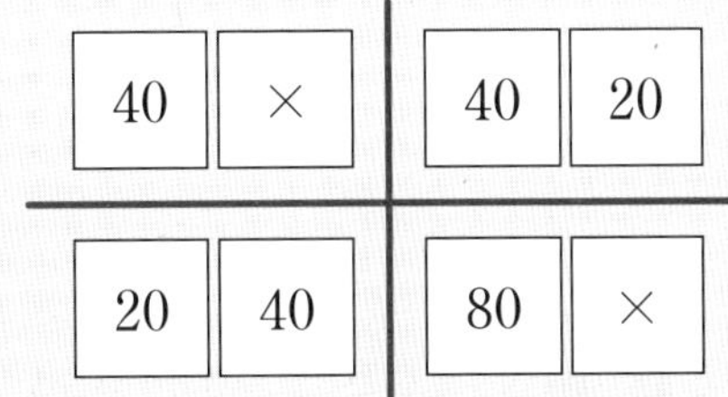


위에서 배를 내려다보았을 때, 배에 타고 있는 손님들의 몸무게를 그림으로 간단히 나타내면 다음과 같습니다. 배가 수평을 이루고 있다고 할 때, A, B, C에 들어갈 알맞은 수를 차례대로 구해 보세요.

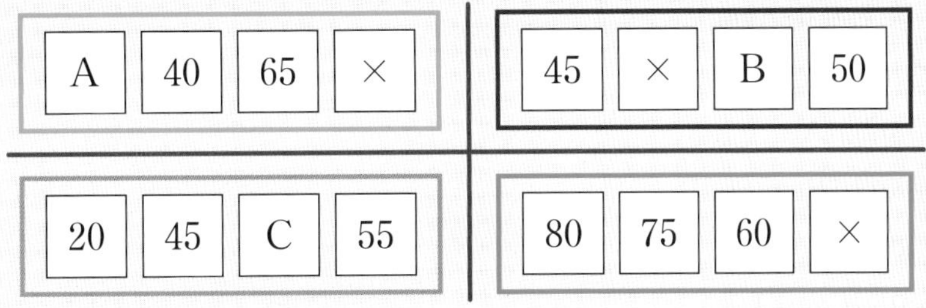


A: ______ B: ______ C: ______ D: ______

가로축, 세로축을 기준으로 나누어지는 네 개의 블록이 어떻게 하면 균형을 이룰 수 있는지 생각해 봐.

### 남자와 여자의 무게 중심이 다르다?!

무게 중심이란 물체 질량의 중심에 있는 점을 뜻합니다. 질량이 있는 물체라면 무게 중심을 반드시 가지고 있습니다. 우리 몸에도 무게 중심이 되는 점이 있습니다. 남자의 무게 중심은 상체에, 여자의 무게 중심은 허리 부근에 있습니다. 따라서 상체를 숙이는 자세를 했을 때 남자는 앞으로 넘어지기 쉽지만 여자는 남자보다 자세를 유지하기 훨씬 쉽다고 합니다.

규칙따라 요리조리

# 06 규칙과 변수

≫ 정답 및 해설 12쪽

여러분의 몸무게는 하루, 한 달, 일년 동안 항상 똑같나요? 몸무게는 늘 조금씩 변화합니다. 이런 변화하는 값을 나열한 리스트를 보고 값들의 자리를 찾아봅시다.

핵심 키워드 #규칙 #리스트 #변수 #메소드

## STEP 1

[수학교과역량] 추론능력, 문제해결능력

리스트 letter 속의 단어를 [규칙]의 ❶~❻의 순서로 수정하려고 합니다.

**규칙**

1. 리스트.A.("B")는 리스트의 B데이터에 A라는 작업을 하라는 의미이다.
2. 덧붙이기는 가장 뒤에 이어진다.
3. 리스트 수정 순서는 다음과 같다.
   - ❶: letter.소문자화.("Are")
   - ❷: letter.대문자화.("Beautiful")
   - ❸: letter.제거하기.("So")
   - ❹: letter.덧붙이기.("and")
   - ❺: letter.바꾸기.("You", "We")
   - ❻: letter.덧붙이기.("YOUNG")

수정된 리스트 letter 속의 단어를 순서대로 붙여 문장을 완성해 보세요.

letter

| 0 | 1 | 2 | 3 |
|---|---|---|---|
| You | Are | So | Beautiful |

.................................................................

.................................................................

.................................................................

STEP 2

[수학교과역량] 추론능력, 문제해결능력, 창의·융합능력

코코, 퐁퐁, 하라, 현진이가 과일 리스트를 보고 데이터의 순서를 맞추고 있습니다. 리스트 속 데이터의 순서를 알아보는 방법은 아래의 [예시]와 같습니다.

예시

감정 리스트에서 데이터의 순서는 0. 행복, 1. 슬픔, 2. 만족입니다. 이 리스트에서 행복 데이터를 표현하는 방법은 아래와 같습니다.

```
>>>감정=["행복", "슬픔", "만족"]
>>>출력(감정[0])
행복
```

0~3번까지의 과일 리스트 순서에 대해 학생들은 다음과 같이 진술했습니다. 네 학생 모두 진술 중 하나는 참, 하나는 거짓이라고 할 때, 과일 리스트를 올바른 순서로 나열해 보세요.

| 〈코코〉 | 〈퐁퐁〉 |
|---|---|
| >>>출력(과일[0])<br>딸기<br>>>>출력(과일[2])<br>복숭아 | >>>출력(과일[3])<br>딸기<br>>>>출력(과일[0])<br>사과 |
| **〈하라〉** | **〈현진〉** |
| >>>출력(과일[2])<br>바나나<br>>>>출력(과일[1])<br>사과 | >>>출력(과일[0])<br>바나나<br>>>>출력(과일[3])<br>복숭아 |

0. ____________, 1. ____________, 2. ____________, 3. ____________

생각 쑥쑥

## 변수(Variable)와 메소드(Method)

변수(Variable)란 변화하는 수 또는 그 수를 저장하는 공간을 말합니다. 예를 들어 'A=키'라고 하면 A라는 자리에는 키를 저장한다는 의미입니다.

메소드(Method)란 객체가 수행하는 작업을 말합니다. 예를 들어 '메시지'이라는 객체에 '제거'라는 메소드를 적용하면 메시지라고 적혀 있는 단어를 제거해야 합니다.

07 규칙따라 모양따라

# 패턴과 디자인

정답 및 해설 13쪽

만들고자 하는 패턴에 관한 규칙을 컴퓨터에 입력하고, 컴퓨터가 이를 반복하여 나타내면 패턴을 가진 멋진 디자인 작품을 만들 수 있어요.

핵심 키워드 #패턴 #디자인 #변환

## STEP 1

[수학교과역량] 추론능력

퐁퐁이는 다음과 같은 패턴 [규칙]에 따라 커튼을 만들려고 합니다.

**규칙**

1. 아래의 패턴을 적용하면 화살표 왼쪽에 있는 이미지가 화살표 오른쪽에 있는 이미지로 교체되어 나타납니다.
2. 패턴은 이미지의 위치와 상관없이 자유롭게 적용 가능합니다.
3. 패턴은 한 번에 하나의 이미지에만 적용되어야 합니다.

패턴 1. ♥ ➡ 구름 ♥

패턴 2. 클로버 ➡ 달 클로버

패턴 3. 달 ➡ 클로버 ♥

패턴 4. 구름 ➡ 구름 달

퐁퐁이가 구름 ♥에 '패턴 1 → 패턴 4 → 패턴 3 → 패턴 2'의 순서로 패턴을 적용하여 커튼을 꾸밀 때, 가장 마지막 단계에 나오는 디자인을 모두 그려 보세요.

### 생각 쏙쏙 패턴(Pattern)

패턴(Pattern)이란 수, 모양, 현상 등의 배열에서 찾을 수 있는 일정한 법칙으로, 되풀이되는 일정한 형태의 집합이라고도 볼 수 있습니니다. 디자인에서 패턴은 장식을 목적으로 표현한 일정한 형상을 뜻하기도 합니다. 현상에서 반복되는 영역을 알아낸다는 것은 문제 해결의 시작이 될 수 있습니다. 따라서 패턴은 컴퓨팅 사고력의 한 축입니다. 정확한 패턴을 찾는 능력은 문제 해결을 위한 함수 만들기의 기초가 될 수 있으므로 중요합니다.

## STEP 2

[수학교과역량] 추론능력, 문제해결능력

코코는 3단 과일 바구니 겉면을 예쁘게 디자인하고 싶어졌습니다. 다음과 같은 패턴 [규칙]에 따라 과일 바구니를 만들려고 합니다.

**규칙**

1. 아래의 패턴을 적용하면 화살표 왼쪽에 있는 이미지가 화살표 오른쪽에 있는 이미지로 교체되어 나타납니다.

2. 패턴은 이미지의 위치와 상관없이 자유롭게 적용 가능합니다.
3. 패턴은 한 번에 하나의 이미지에만 적용되어야 합니다.
4. 1단의 디자인이 정해지면 2, 3단의 디자인은 1단의 디자인에 맞게 바뀝니다. 예를 들어 과일 바구니 1단의 디자인이 

이 됩니다.

위의 [규칙]에 따라 코코가 과일 바구니 겉면을 디자인할 때, 가장 마지막 단계에 나올 수 없는 디자인을 모두 골라 보세요.(단, 패턴은 , , , 중 하나로부터 시작 됩니다.)

A.

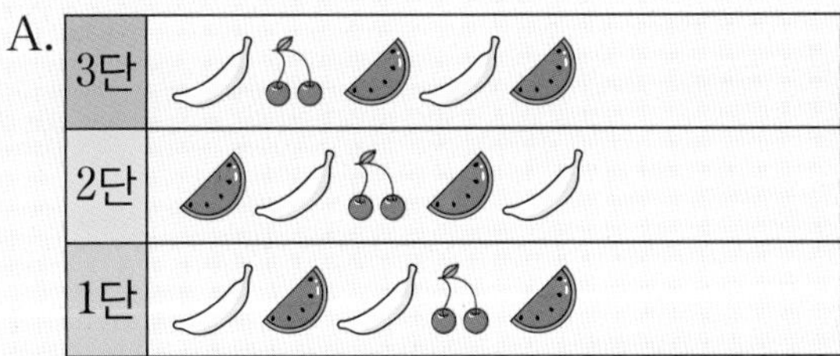


B.

| 3단 | |
|---|---|
| 2단 | |
| 1단 | |

C.

| 3단 | |
|---|---|
| 2단 | |
| 1단 | |

D.

| 3단 | |
|---|---|
| 2단 | |
| 1단 | |

# 08 규칙따라 모양따라
# 패턴과 레이어

≫ 정답 및 해설 14쪽

같은 배경 위에서 움직이는 캐릭터가 등장하는 애니메이션을 만든다고 생각해 볼까요? 장면마다 배경을 새롭게 그린다면 매우 번거로운 작업이 될 것입니다. 이때 배경은 고정시키고 캐릭터의 움직임만 따로 그린 뒤 합칠 수 있다면 작업이 더욱 편해질 거예요.

**핵심 키워드** #패턴 #대칭 #디자인 #레이어

## STEP 1

[수학교과역량] 추론능력, 창의·융합능력

한 점을 중심으로 180° 돌렸을 때, 그 모양이 돌리기 전과 완전히 포개어지는 글자를 모두 골라 보세요.(단, 한 점은 도형의 내부에 있을 수도 있고, 외부에 있을 수도 있습니다.)

| 버 | 믐 | 모 | 슥 | 옹 | 퓨 | 를 |
|---|---|---|---|---|---|---|

**생각 쑥쑥**

### 레이어(Layer)

레이어(Layer)란 여러 이미지를 위아래로 여러 겹 겹쳐서 그림을 그리기 위해 사용하는 투명한 층을 뜻합니다. 투명한 층 위에 글, 도형 등을 표현하면 됩니다. 각 레이어마다 서로 다른 효과를 줄 수도 있습니다. 레이어들은 각각의 분리된 층을 이루며 서로 간섭하지 않기 때문에 레이어를 활용하면 쉽게 그림을 그릴 수 있습니다. 실제 레이어를 활용하는 모습이 궁금하다면 오른쪽 QR코드를 스캔하여 영상을 확인해 보세요.

▲ (출처: 유튜브 「느긋한 열정고양이」)

STEP 2

[수학교과역량] 추론능력, 문제해결능력

코코는 A, B 두 개의 이미지 파일을 만들고, 그 파일들을 겹쳐서 C라는 하나의 이미지 파일을 만들려고 합니다. A와 B는 각각 점대칭 위치에 있는 이미지로, 한 점을 중심으로 180° 돌렸을 때 양쪽의 이미지가 서로 완전히 포개어 집니다. 점대칭의 위치에 있는 이미지 A, B를 각각 그리고, 그려진 A, B를 겹쳐서 최종 이미지 C를 완성해 보세요.(단, 점대칭 위치에 있는 이미지 A, B를 그릴 때, 가운데 빨간색 선을 기준으로 양쪽에 같은 이미지가 그려져야 합니다. 또한, 양쪽 모두에 새로운 것을 그려서는 안 됩니다.)

A.

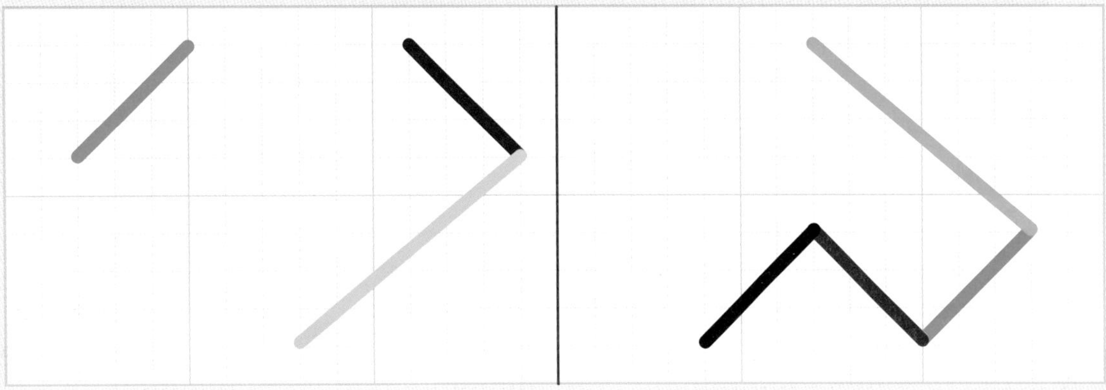

B.

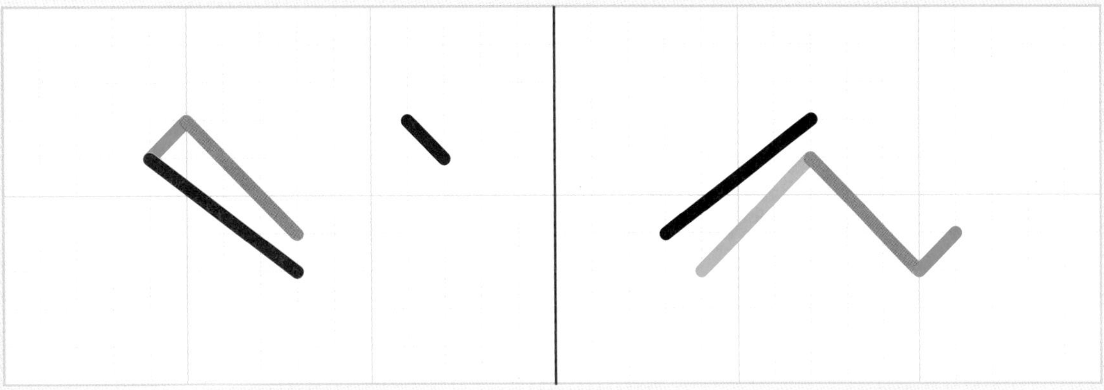

C.

# 도전! 코딩 스크래치(scratch) 알파벳의 비밀

(이미지 출처: 스크래치(https://scratch.mit.edu))

스크래치는 미국 메사추세츠 공과대학(MIT)의 라이프롱킨더 가든 그룹(LKG)에서 만들어 무료로 배포한 블록코딩 사이트입니다. 스크래치에서는 누구나 자신의 이야기, 게임, 애니메이션을 손쉽게 만들어 다른 사람들과 공유하는 것이 가능합니다. 또한, 어린이들이 이 과정 속에서 창의적 사고, 체계적 추론 능력, 협업 능력을 키워나갈 수 있다고 소개하고 있습니다. 현재 150개 이상의 나라에서 60개 이상의 언어로 스크래치가 제공되고 있습니다.

스크래치에서 코딩을 하기 위해서는 사이트(https://scratch.mit.edu)에 접속해야 합니다.

2단원에서 우리는 대칭 구조에 대해 학습하였습니다. 지금부터는 간단히 퀴즈쇼를 구성해 보겠습니다.
대칭과 관련한 문제를 내고, 알파벳을 회전시켜 답을 찾아가는 과정을 구성해 볼까요?

## WHAT?

➔ 스프라이트를 180° 회전했을 때, 원래 모양과 일치하는지 확인해 봅시다.

## HOW?

➔ 휴대폰 화면에서는 모든 화면이 들어오지 않을 수 있으므로 정상 실행을 위해서는 탭이나 컴퓨터를 이용하세요.(인터넷 익스플로러와 iOS는 지원하지 않습니다.)

➔ 우선 튜토리얼 모드에서 스크래치 기본 사용법을 익혀 봅시다.
QR코드를 스캔한 후 사이트에 접속하면 튜토리얼 영상과 실습창을 만날 수 있습니다.

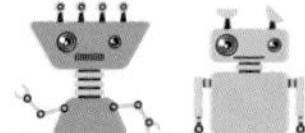

➔ 스크래치의 기본 사용법을 모두 익혔나요? 지금부터 본격적으로 도형 회전시키기에 들어가겠습니다.

1. 메인 화면의 [만들기] 버튼을 클릭하고 새 파일을 시작하세요.
2. 🌐을 클릭하여 '한국어'로 설정해 주세요.

3. 배경 그리기를 시작합니다. 오른쪽 하단의 [무대(배경)] 버튼을 누르고, 원하는 배경을 선택하세요.
4. 오른쪽 하단의 스프라이트 탭을 보세요. 고양이 스프라이트를 삭제하고, [스프라이트 고르기] 버튼을 눌러 주세요.

5. [글자] 탭에서 원하는 알파벳을 고르고 추가하세요.
6. 알파벳 스프라이트를 움직여서 위치를 잡아주세요.

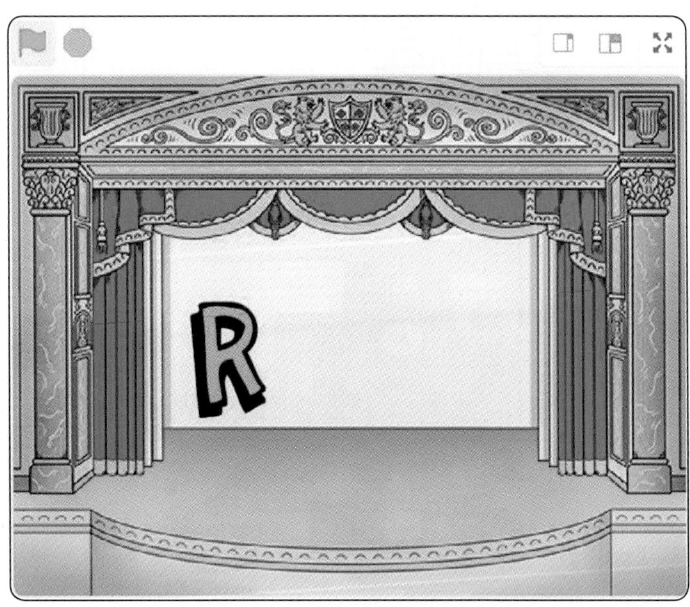

2
단원

# 도전! 코딩

7. [스프라이트] 탭에서 알파벳 스프라이트를 클릭한 상태로, 아래의 그림을 참고하여 코드를 작성해 주세요. 이때, 노란색은 '이벤트', 보라색은 '형태', 하늘색은 '감지', 파랑색은 '동작', 녹색은 '연산'에서 찾을 수 있습니다.

➔ 하늘색 블록의 빈칸에 내가 묻고 싶은 질문을 적어 주세요.

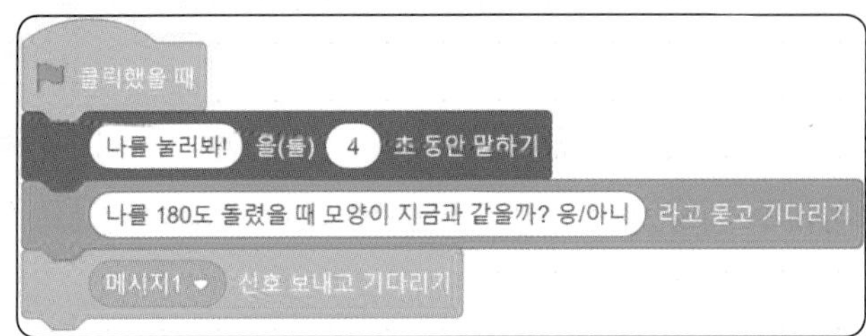


➔ 180° 회전시켜서 모양이 일치하는 도형이라면 대답에 '응', 일치하는 도형이 아니라면 '아니'를 적어 주세요.

➔ 하늘색 블록의 빈칸에는 오답을 말했을 때 다시 문제를 풀 수 있도록 문제를 한 번 더 적어 주세요.

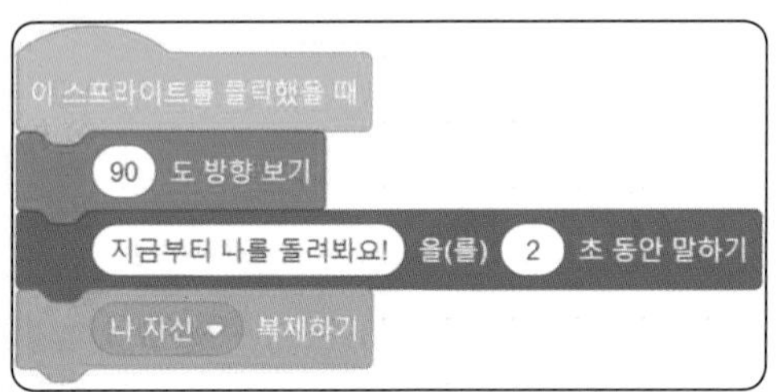


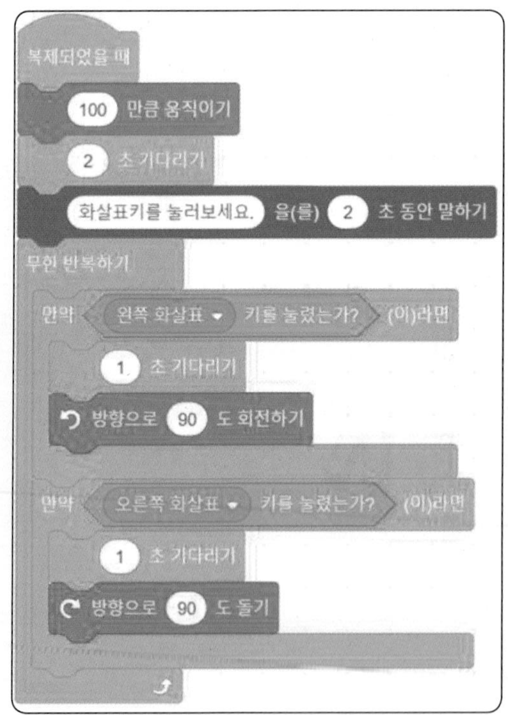

```
메시지1 ▾ 신호를 받았을 때
만약 < (대답) = 아니 > (이)라면
    1 초 기다리기
    색깔 ▾ 효과를 25 만큼 바꾸기
    맞아! 을(를) 2 초 동안 말하기
    이 복제본 삭제하기
아니면
    다시 생각해봐! 을(를) 2 초 동안 말하기
    나를 180도 돌렸을 때 모양이 지금과 같을까? 응/아니 라고 묻고 기다리기
    메시지1 ▾ 신호 보내고 기다리기
```

**tip** 게임을 더 정교하게 만들고 싶나요? 알파벳의 개수를 늘려보기, 회전의 방식에 변화를 주기, 문제를 다양하게 만들기, 배경에 효과를 주기, 소리에 효과를 주기, 한글로 만들기, 내가 직접 그림을 그려서 회전시켜보기 등의 방법을 다양하게 추가해 보세요.

## DO IT!

➔ 사이트에 직접 접속하여 코딩을 해 봅시다. 코딩 후에는 꼭 실행해 보세요.

▲ 코딩 직접 해 보기

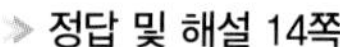


〈2단원–규칙대로 척척〉을 학습하며 배운 개념들을 정리해 보는 시간입니다.

**1** 용어에 알맞은 설명을 선으로 연결해 보세요.

|  |  |
|---|---|
| 변수 • | • 여러 이미지를 겹쳐서 그림을 그리기 위해 사용하는 투명한 층 |
| 후입선출 • | • 변화하는 수 또는 그 수를 저장하는 공간 |
| 메소드 • | • 제일 마지막에 입력된 자료부터 먼저 사용하는 것 |
| 추상화 • | • 객체가 수행하는 작업을 정의하는 것 |
| 레이어 • | • 핵심 요소를 파악하여 대상을 간결하게 표현함으로써 작업의 복잡도를 줄여 주는 과정 |

**2** 이번 단원을 배우며, 규칙에 대해 내가 알고 있던 것, 새롭게 알게 된 것, 더 알고 싶은 것을 정리해 봅시다.

| | |
|---|---|
| 규칙에 대해<br>내가 알고 있던 것 | |
| 규칙에 대해<br>내가 새롭게 알게 된 것 | |
| 규칙에 대해<br>내가 더 알고 싶은 것 | |

# 쉬는 시간 플러그드 코딩놀이 인공지능 화가

(이미지 출처: 딥드림(https://deepdreamgenerator.com))

내가 찍은 사진을 반 고흐가 그린 그림처럼 변화시킬 수 있다면?! 이번 단원에서 우리는 추상화에 대해 배웠습니다. 특징을 단순화하여 작업 과정을 간단하게 하는 것이 SW에서의 추상화였습니다. 구체적인 사진을 보고 그에 대한 특징을 단순화시켜 입력된 그림 풍의 함수값을 활용하여 새로운 작품을 창조해내는 인공지능 화가의 그림은 어떨까요?

QR코드를 스캔하여 사이트에 접속한 후 신기한 인공지능 그림의 세계를 여행해 봅시다.

▲ 딥드림

2 단원

1 화면 위쪽의 'SIGN UP' 버튼을 누르고 회원가입을 하세요.

LOG IN SIGN UP

2 로그인 후 'Generate' 버튼을 눌러 작업을 시작하세요.

3 '파일 선택' 버튼을 누르고 컴퓨터에 저장된 이미지 파일을 불러오세요.

파일 선택 선택된 파일 없음

4 이미지를 선택하면 아래와 같은 상태가 됩니다.

파일 선택 hintersee-3601004_1920.jpg

5 사진에 적용할 스타일을 고르세요.

Deep Style Thin Style Deep Dream

Choose Style

Default Styles My Styles Popular Styles

6 'Generate' 버튼을 눌러 보세요.

Generate ›

7 Deepdream이 이미지를 생성합니다.

Generating Deep Style image...

Processing

8 사진이 아래와 같이 변화했습니다. 이제 여러분도 작품을 스스로 만들어 보세요.

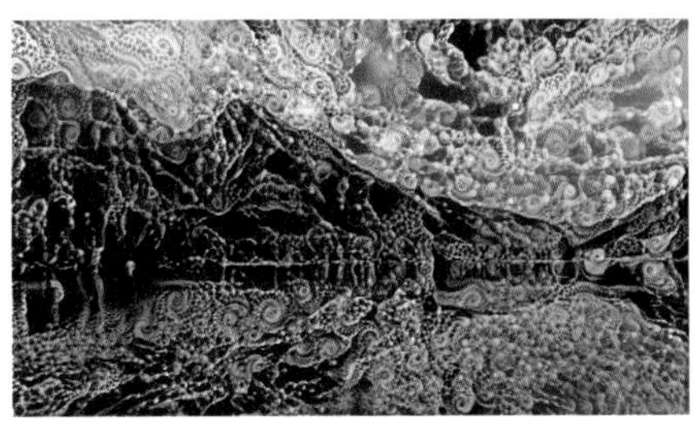

# 한 발자국 더 자연 속 규칙 피보나치 수열

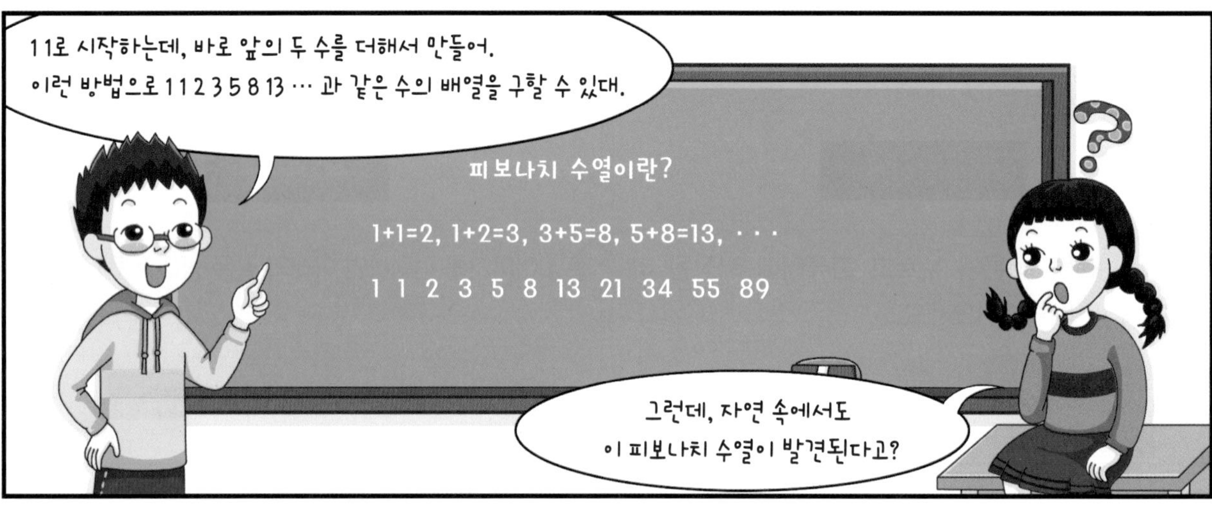

# 3

# 알고리즘이 쑥쑥

학습활동 체크체크

| 학습내용 | 공부한 날 | 개념 이해 | 문제 이해 | 복습한 날 |
|---|---|---|---|---|
| 1. 알고리즘과 자연어 | 월 일 | | | 월 일 |
| 2. 알고리즘과 순서도 | 월 일 | | | 월 일 |
| 3. 알고리즘과 수 | 월 일 | | | 월 일 |
| 4. 알고리즘과 의사코드 | 월 일 | | | 월 일 |
| 5. 탐색과 알고리즘 | 월 일 | | | 월 일 |
| 6. 게임과 알고리즘 | 월 일 | | | 월 일 |
| 7. 선택정렬과 알고리즘 | 월 일 | | | 월 일 |
| 8. 버블정렬과 알고리즘 | 월 일 | | | 월 일 |

알고리즘 표현하기

# 01 알고리즘과 자연어

정답 및 해설 15쪽

알고리즘(Algorithm)은 문제를 해결하기 위해 명령들로 구성된 일련의 순서화된 절차입니다. 컴퓨터와 같은 기계를 작동시키기 위해서 꼭 필요한 것이 바로 알고리즘입니다. 알고리즘을 나타내는 방법에 대해 알아 볼까요?

핵심 키워드 #알고리즘 #자연어 #자연어 알고리즘

## STEP 1

[수학교과역량] 창의·융합능력

퐁퐁이는 목이 말라 자판기에서 1000원짜리 음료수 1개를 꺼내 마시려고 합니다. 그 과정을 코코에게 6단계로 나누어 설명하려고 할 때, 다음 빈칸에 들어갈 알맞은 문장을 써 보세요.

| 1단계. 자판기에 1000원짜리 지폐를 넣는다. |
| --- |
| 2단계. |
| 3단계. |
| 4단계. |
| 5단계. |
| 6단계. 음료수를 마신다. |

### 알고리즘을 나타내는 방법 - 자연어로 나타내는 알고리즘

알고리즘은 문제를 해결하는 절차나 방법을 설명하는 과정입니다. 알고리즘을 나타내는 방법에는 자연어, 의사코드, 순서도 등이 있습니다. 자연어로 나타내는 알고리즘은 우리가 사용하는 언어로 풀어서 나타내는 것으로, 흔히 요리법, 사용설명서 등에 활용됩니다. 이 방법은 일상에서 사용하는 우리의 언어로 문제를 해결하는 과정을 순서대로 나열하는 것입니다. 자연어로 나타내는 알고리즘은 사람들이 일의 순서를 이해하기 쉽다는 장점이 있지만 컴퓨터에게는 적용할 수 없다는 단점이 있습니다.

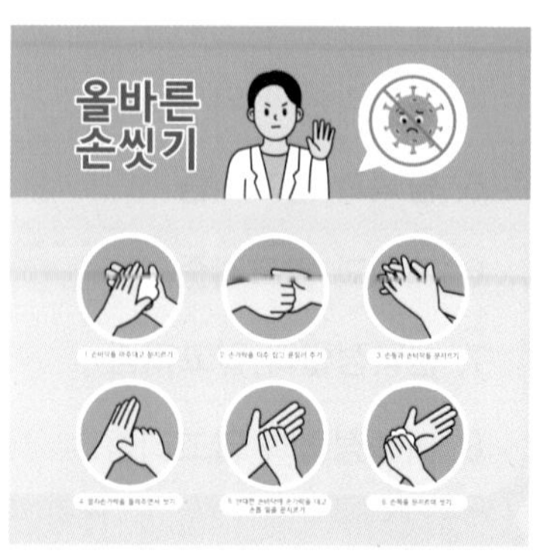

STEP 2

[수학교과역량] 추론능력, 문제해결능력

로봇이 목적지 ▶에 무사히 도착할 수 있도록 알고리즘을 이용하여 2가지 방법으로 나타내려고 합니다. 빈칸에 들어갈 알맞은 말을 써 보세요.

| 방법 1 |
|---|
| ❶ 출발 |
| ❷ 벽에 닿을 때까지 앞으로 가기 |
| ❸ 왼쪽으로 90° 돌기 |
| ❹ |
| ❺ |
| ❻ |
| ❼ |
| ❽ |
| ❾ 도착 |

| 방법 2 |
|---|
| ❶ 출발 |
| ❷ |
| ❸ |
| ❹ 목적지에 도착할 때까지 ❷와 ❸을 반복 |
| ❺ 도착 |

자판기에서 음료수 꺼내 마시기, 양치질하기, 라면 끓이기 등 일상생활 속에서 일어나는 일은 너무 익숙하고 자연스럽게 느껴져서 알고리으로 나타내는 것이 어색할 수 있어. 하지만 일어나는 일을 하나씩 쪼개어 생각해 보면 누구나 쉽게 알고리즘으로 나타낼 수 있지.

알고리즘 표현하기

# 02 알고리즘과 순서도

정답 및 해설 16쪽

알고리즘을 표현하는 또 다른 방법에는 기호와 도형을 이용하여 나타내는 순서도가 있습니다. 순서도에 대해 알아 봅시다.

핵심 키워드 #알고리즘 #순서도

## 순서도

순서도는 약속된 기호와 도형을 이용하여 알고리즘을 나타내는 방법입니다. 일의 과정을 약속된 기호로 표시하고, 화살표로 수행 과정을 연결하여 표현합니다. 순서도의 방식은 일의 과정과 흐름을 한눈에 살펴볼 수 있다는 장점이 있습니다. 하지만 복잡한 알고리즘이나 블록형 명령은 표현하기 어렵다는 단점도 있습니다.

| 기호 | 의미 | 보기 |
|---|---|---|
| | 순서도의 시작이나 끝을 나타내는 기호 | 시작(끝) |
| | 어떤 것을 선택할 것인지를 판단하는 기호, 즉 조건이 참이면 '예'로, 거짓이면 '아니오'로 가는 판단 기호 | A>B<br>아니오<br>예 |
| | 데이터 값을 계산하거나 대입하는 등의 과정을 나타내는 처리 기호 | A=B+C |
| | 기호를 연결하여 처리의 흐름을 나타내는 흐름선 | 시작<br>A, B 입력 |
| | 서류로 인쇄할 것을 나타내는 기호 | 인쇄 A |
| | 일반적인 입 · 출력을 나타내는 입 · 출력 기호 | 입력(출력) |

## STEP 1

[수학교과역량] **추론능력**

자판기에서 음료수를 꺼내 마셨던 퐁퐁이는 이번에는 음료수를 꺼내는 로봇을 개발하려고 합니다. 다음 그림은 자판기에서 음료수를 꺼내는 알고리즘을 나타낸 순서도일 때, 마름모 안의 ㉠, ㉡, ㉢에 들어갈 알맞은 말을 써 보세요.

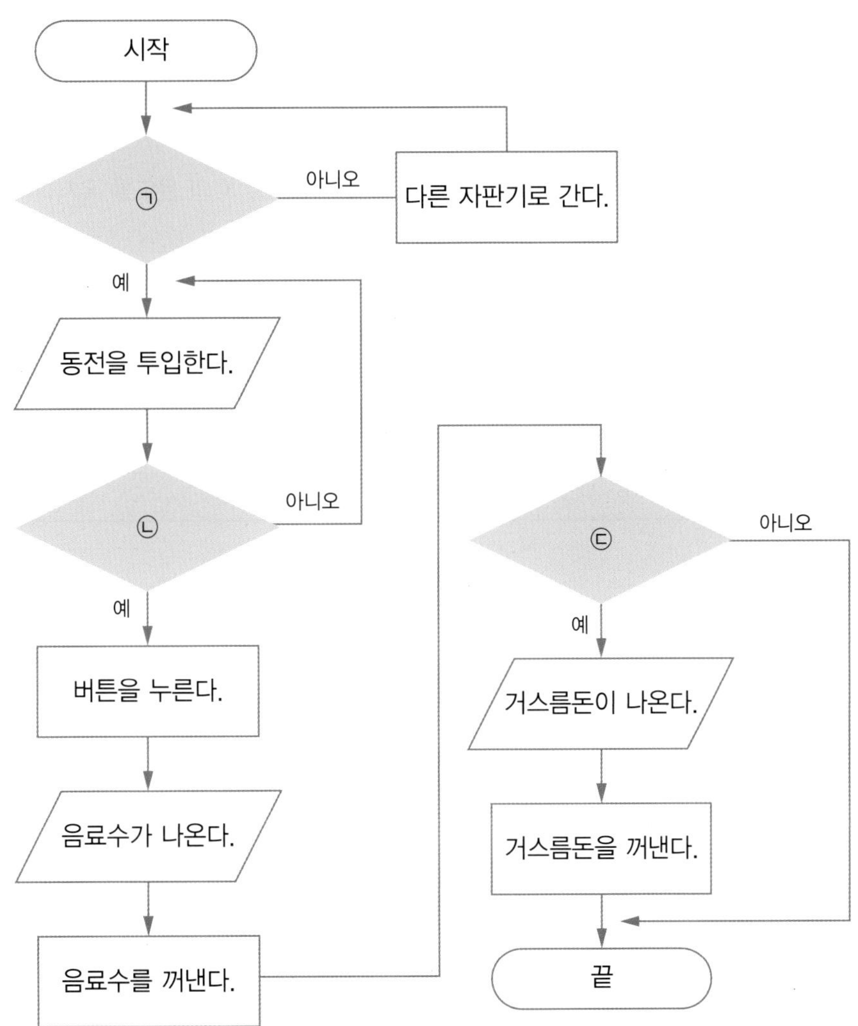


㉠ : ____________________

㉡ : ____________________

㉢ : ____________________

3 단원

## STEP 2

[수학교과역량] 추론능력, 문제해결능력

코코는 [요거트 메이커]의 사용법에 대한 알고리즘을 만들려고 합니다. 코코가 [요거트 만드는 방법]을 참고하여 [요거트 메이커]의 기능을 다음과 같이 정리하였을 때, [요거트 메이커]의 사용법에 대한 알고리즘을 나타낸 순서도를 그려 보세요.

[요거트 만드는 방법]

1. 우유 500 mL와 요구르트 130 mL를 섞는다.
2. 보온이 잘 되는 통으로 옮겨 담고, 50 ℃~60 ℃의 온도에서 10분간 살짝 데워 준다.
3. 가열되었던 우유의 온도를 38 ℃로 유지하며 7시간을 기다린다.

[요거트 메이커]

1. 우유와 요구르트를 통에 넣으면 작동되어 내용물이 가열된다.
2. 내용물의 온도가 50 ℃가 되었을 때 '삐' 소리가 난다.
3. 50 ℃~60 ℃의 온도를 유지하며 10분간 가열한다.
4. 가열 후 식으면서 온도가 38 ℃가 되면 '삐삐' 소리가 난다.
5. 38 ℃의 온도를 유지하며 7시간이 경과되면 '삐삐삐' 소리가 난다.

## 순서도의 종류

| 종류 | 설명 | 예시 |
| --- | --- | --- |
| 순차 구조 순서도 | 순차 구조 순서도는 순서대로 수행하는 과정을 나타낸 것입니다. | 시작 → 작업1 → 작업2 → 끝 |
| 반복 구조 순서도 | 반복이 필요한 일에 대해 반복 조건을 만족할 때까지 반복 구간의 작업을 여러 번 반복하는 순서도입니다.<br>반복 조건을 만족하는 동안에는 작업이 반복적으로 실행되며, 반복 조건을 만족하면 다음 작업을 하거나 끝이 납니다. | 시작 → 작업 → 조건 (아니오 → 작업, 반복) / 예 → 끝 |
| 조건 구조 순서도 | 주어진 조건에 따라 다른 명령을 수행할 수 있도록 한 순서도입니다.<br>시작 후 조건을 확인하여 조건이 참이면 작업1을, 조건이 참이 아니면 작업2를 실행합니다. | 시작 → 조건 (예 → 작업1 / 아니오 → 작업2) → 끝 |

# 03 알고리즘을 따라가요

# 알고리즘과 수

정답 및 해설 17쪽

알고리즘은 특히 수학과 밀접한 연관이 있습니다. 수의 규칙 중 하나인 우박수에 대해 알아 보고, 이것을 구하는 과정을 순서도로 나타내는 방법을 알아 봅시다.

핵심 키워드 #알고리즘 #순서도 #우박수

## STEP 1

[수학교과역량] 추론능력

독일의 수학자 콜라츠(1910~1990) 박사는 1937년에 재미있는 수학 문제를 하나 제시했습니다. 그의 이름을 따서 콜라츠의 추측이라고도 불리우는 이 문제는, 수가 커졌다가 작아졌다를 반복하다가 어느 순간 1이 되는 모습이 마치 우박이 구름 속에서 오르내리며 자라다가 땅으로 떨어지는 모습과 비슷하다는 뜻에서 우박수라고 불렸습니다. 우박수의 [규칙]은 다음과 같습니다.

**규칙**

❶ 자연수를 하나 고릅니다.

❷ 짝수이면 2로 나누고, 홀수이면 3을 곱하고 1을 더합니다.

❸ ❷를 반복하다 보면 그 결과가 1이 됩니다.

예 3을 선택할 경우

3 → 10 → 5 → 16 → 8 → 4 → 2 → 1(끝)

위의 예와 같이 [규칙]에 따라 다음 표의 빈칸을 채워 보세요.

| | |
|---|---|
| 12 | → 1 |
| 22 | → 1 |
| 46 | → 1 |

콜라츠의 추측이라고 알려진 이 문제는 컴퓨터로 어느 정도의 자연수까지는 성립함이 확인되었지만, 아직까지 모든 자연수에 대한 증명은 이루어지지 않았다고 해.

## STEP 2

[수학교과역량] 추론능력, 문제해결능력

퐁퐁이는 **STEP 1**의 우박수의 [규칙]을 순서도로 나타내려고 합니다. 퐁퐁이가 순서도를 완성하는 데 사용할 도형과 의미, 횟수가 다음 표와 같을 때, 이를 만족하는 순서도를 그려 보세요.

| 도형 | 의미 | 사용된 횟수 |
|---|---|---|
| (둥근 사각형) | 순서도의 시작이나 끝을 나타낸다. | 2개 |
| (마름모) | 조건을 나타내며, 어떤 것을 선택할지 판단한다. | 2개 |
| (평행사변형) | 입력 또는 출력을 나타낸다. | 1개 |
| (직사각형) | 데이터의 값을 계산하는 처리 과정을 나타낸다. | 2개 |

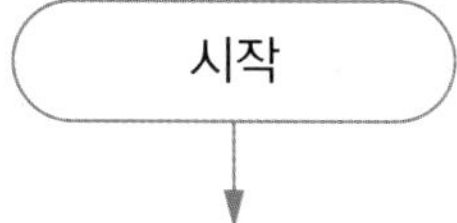


3 단원

알고리즘 표현하기

# 04 알고리즘과 의사코드

정답 및 해설 17쪽

의사코드는 일반적인 언어로 코드를 흉내내어 알고리즘을 표현하는 또 다른 방법입니다. 즉, 의사코드는 컴퓨터에서 직접 실행할 수는 없어요. 의사코드에 대해 알아 볼까요?

핵심 키워드 #의사코드 #명령어 #반복 알고리즘 #재귀 알고리즘

## STEP 1

[수학교과역량] 추론능력, 문제해결능력

지구가 태양 주위를 1바퀴 도는 데 걸리는 시간은 1년입니다. 1년은 보통 365일이지만 정확하게 계산하면 365.2422일로 365일과 366일 사이입니다. 따라서 평소에는 1년이 365일이고, 4년마다 2월을 28일이 아닌 29일로 하여 1년이 366일입니다. 이때, 365일인 해를 평년, 366일인 해를 윤년이라고 부릅니다. 다음은 윤년과 평년에 대한 알고리즘을 의사코드로 나타낸 것이라 할 때, 아래 표의 연도가 평년인지 윤년인지 써 보세요.

```
만약 (연도가 400의 배수) → 출력: 윤년
  그렇지 않다면 (연도가 100의 배수) → 출력: 평년
    그렇지 않다면 (연도가 4의 배수) → 출력: 윤년
      그렇지 않다면 → 출력: 평년
```

| 년도 | 평년 / 윤년 | 년도 | 평년 / 윤년 |
|---|---|---|---|
| 1992년 | | 2021년 | |
| 2010년 | | 2100년 | |
| 2000년 | | 2400년 | |

### 알고리즘을 나타내는 방법 - 의사코드(슈도코드, Pseudocode)

의사코드는 알고리즘을 표현할 때 특정 프로그래밍 언어의 문법처럼 일반적인 언어로 코드를 흉내내어 나타낸 코드를 말합니다. 의사코드는 말 그대로 흉내만 낸 코드이기 때문에 실제 프로그래밍 언어처럼 컴퓨터에서 실행할 수는 없습니다. 하지만 의사코드는 알고리즘의 모델을 대략적으로 나타내고 있으므로 프로그래밍 전에 큰 윤곽을 잡는 데 유용하게 쓰이고 있는 방법입니다. 이렇게 간단하게 우리가 사용하는 언어로 코드를 표현하면 나중에 수정 및 검토를 할 때 편리하고, 다른 사람들과 프로그램의 흐름에 대해 의사소통하기에 편리하여 실제 개발자들도 유용하게 사용하고 있는 코드입니다.

## STEP 2

[수학교과역량] 추론능력, 문제해결능력

세 개의 축 A, B, C가 있는 나무 장난감이 있습니다. A축에 다음과 같이 크기가 다른 구슬 $n$개가 1부터 $n$까지 크기 순서대로 끼워져 있습니다.

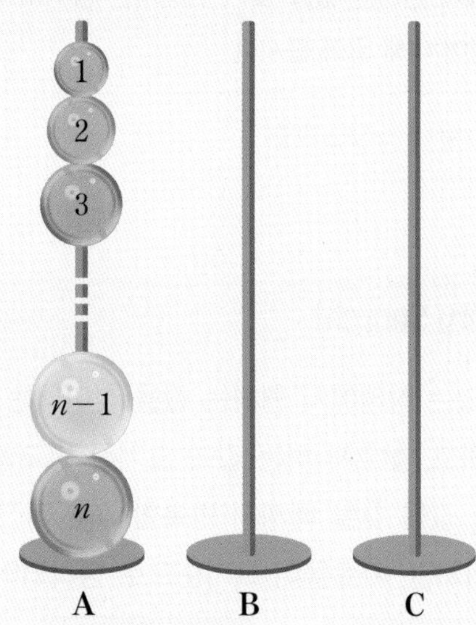


다음은 A축에 있는 구슬을 C축으로 옮기는 방법을 알고리즘으로 나타낸 것입니다. 알고리즘의 빈칸 ㉠에 들어갈 알맞은 문장을 써 보세요. 또한, $n=7$일 때 구슬을 몇 번 옮겨야 하는지 구해 보세요.(단, 한 번에 하나의 구슬만 움직일 수 있으며, 크기가 작은 구슬 위에 크기가 큰 구슬이 놓일 수 없습니다.)

만약(if) $n=1$이라면
  (1번 구슬을 A축에서 C축으로 이동)
그렇지 않다면(else)
  *H{1번부터 $(n-1)$번까지의 구슬 $(n-1)$개를 A축에서 B축으로 이동}
  ($n$번 구슬을 A축에서 C축으로 이동)
  H{ ㉠ }

*H{ }='한 번에 하나의 구슬만 움직일 수 있으며, 크기가 작은 구슬 위에 크기가 큰 구슬이 놓일 수 없음'을 지키며 { } 안을 수행.

㉠ : ______

구슬을 옮긴 횟수 : ______ 번

3 단원

# 05 빠르게 찾기 탐색과 알고리즘

정답 및 해설 18쪽

컴퓨터에 있는 수많은 데이터 중에서 원하는 값을 찾기 위해서는 탐색의 과정을 거쳐야 합니다. 다양한 탐색 알고리즘 중에서 이진탐색과 그 과정에 대해 알아 봅시다.

핵심 키워드 #탐색 #이진탐색 #순차탐색 #알고리즘

## 이진탐색(Binary Search)

이진탐색이란 데이터가 정렬되어 있는 상태에서 원하는 값을 찾아내는 알고리즘입니다. 데이터의 배열에서 중간에 있는 임의의 값을 선택하고, 찾고자 하는 값과 크기를 비교합니다. 중간에 있는 값을 선택하고 크기를 비교하는 이 과정을 원하는 값을 찾을 때까지 반복합니다. 이진탐색은 많은 자료 중 원하는 자료를 효율적으로 찾을 수 있는 방법이지만, 자료들이 크기순으로 정리되어 있을 때만 가능한 방법입니다.

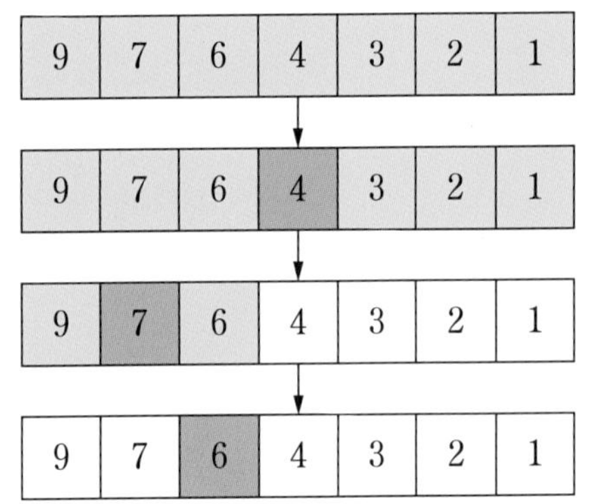


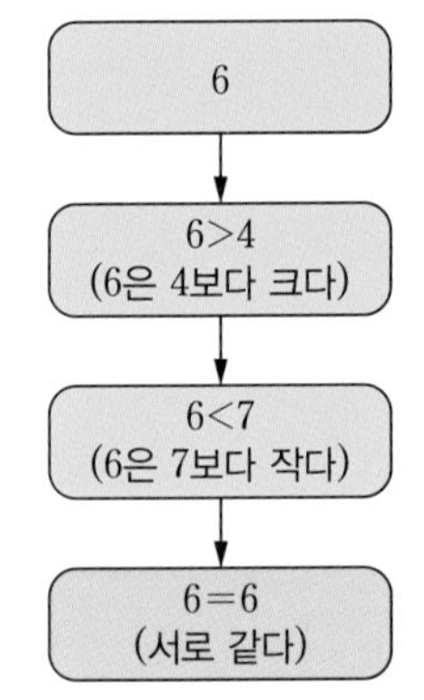

▲ 이진탐색
(출처: 유튜브 「Codly」)

## STEP 1

[수학교과역량] 추론능력, 문제해결능력

다음과 같이 정렬되어 있는 데이터에서 이진탐색을 이용하여 8을 찾고자 합니다. 8을 찾기까지 8을 포함하여 총 몇 개의 수를 8과 비교해야 하는지 구해 보세요.

| 1 | 2 | 4 | 6 | 8 | 13 | 16 | 18 | 20 | 21 | 25 | 48 | 57 | 59 | 65 |
|---|---|---|---|---|---|---|---|---|---|---|---|---|---|---|

## STEP 2

[수학교과역량] 추론능력, 문제해결능력, 창의·융합능력

다음은 이진탐색 과정을 트리 형태로 나타낸 것입니다.

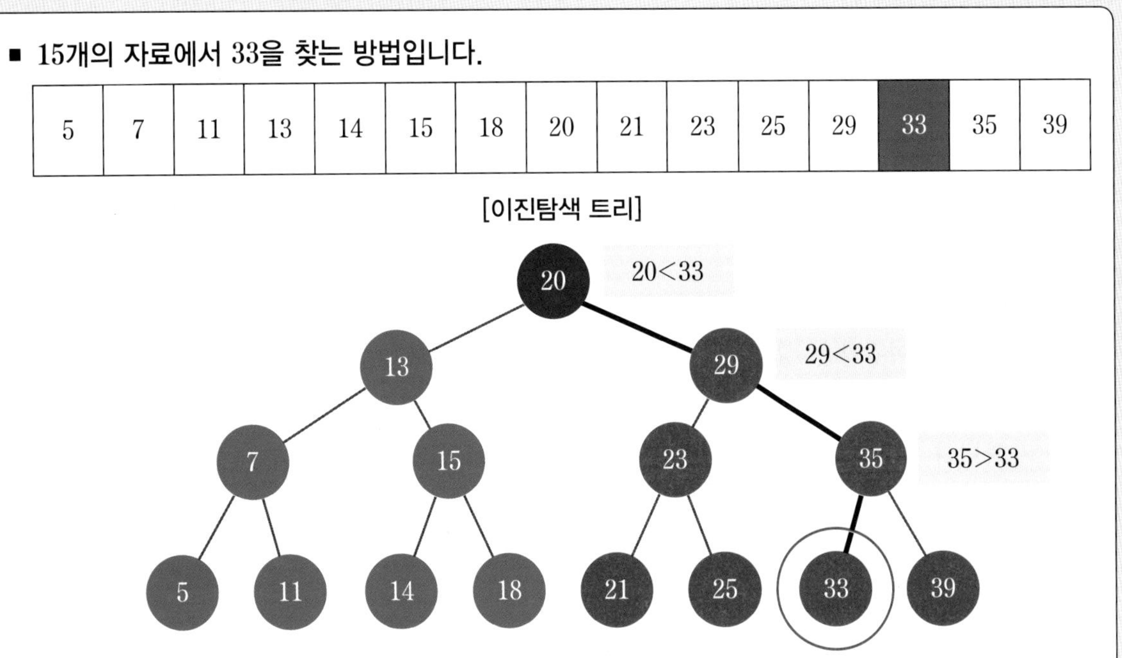

■ 15개의 자료에서 33을 찾는 방법입니다.

| 5 | 7 | 11 | 13 | 14 | 15 | 18 | 20 | 21 | 23 | 25 | 29 | 33 | 35 | 39 |
|---|---|---|---|---|---|---|---|---|---|---|---|---|---|---|



위의 방법을 활용하여 다음의 자료에서 61을 찾는 과정을 이진탐색 트리로 나타내고, 61을 찾기까지 61을 포함하여 총 몇 개의 수를 61과 비교해야 하는지 구해 보세요.

| 2 | 4 | 6 | 10 | 13 | 14 | 18 | 21 | 22 | 24 | 30 | 32 |
|---|---|---|---|---|---|---|---|---|---|---|---|
| 34 | 35 | 39 | 41 | 45 | 48 | 52 | 58 | 61 | 63 | 65 | |

3 단원

전략 알아보기

# 06 게임와 알고리즘

정답 및 해설 19쪽

전세계인이 놀란 알파고와 이세돌 9단의 바둑 대결을 기억하나요? 게임은 알고리즘으로 구성할 수 있고, 이것을 컴퓨터가 학습할 수 있답니다. 게임과 알고리즘에 대해 알아 볼까요?

핵심 키워드 #체스 게임 #그래프 #알고리즘 #백트래킹 알고리즘 #분기 한정 알고리즘

## STEP 1

[수학교과역량] 추론능력, 문제해결능력

체스(Chess)에서 여왕말은 상하좌우 및 대각선 모든 방향으로 움직일 수 있는 가장 강력한 말입니다. 다음과 같은 5×5 체스판에 5개의 여왕말을 놓으려고 합니다. 여왕말끼리 서로 위협하지 않도록 배치하려고 할 때, 어디에 놓아야 할지 5개의 자리를 ○표로 표시해 보세요.

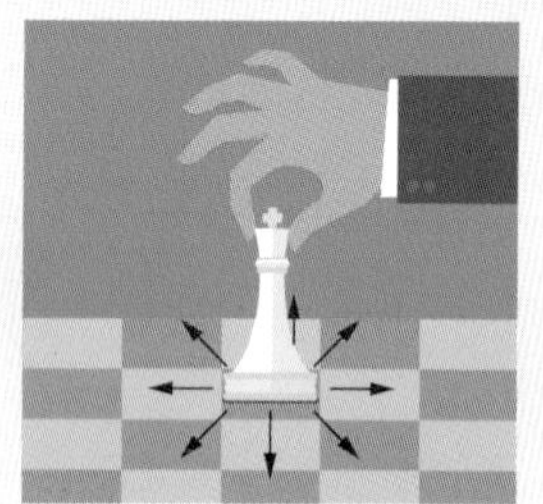

### 백트래킹(Backtracking) 알고리즘과 분기 한정(Branch & Bound) 알고리즘

문제를 해결해가는 과정에서 해결 방법을 더 이상 찾을 수 없는 상태에 도달할 수 있습니다. 이때에는 해결 방법을 더 이상 얻지 못하기 바로 직전 상황으로 되돌아가서 다른 방법을 시도하여 문제를 해결해 볼 수 있습니다. 이러한 방식의 알고리즘을 백트래킹(Backtracking) 알고리즘이라고 하며, 미로찾기, 그래프 문세, 전략 게임 등을 해결할 때 이용할 수 있습니다.

분기 한정(Branch & Bound) 알고리즘은 백트래킹 알고리즘의 시간 낭비를 줄이기 위한 방법입니다. 해결 방법이 없어 살펴볼 필요가 없는 지점이라고 판단되면 더 이상 탐색하지 않고 백트래킹합니다. 이것은 나무에서 필요없는 가지를 잘라내는 가지치기와 유사하여 가지치기 기법이라고도 합니다.

## STEP 2

[수학교과역량] 추론능력, 문제해결능력, 창의·융합능력

다음은 빨간색, 파란색, 초록색의 3가지 색을 이용하여 이웃한 영역을 서로 다른 색으로 칠하는 방법입니다.(단, 이웃한 영역은 서로 면끼리 맞닿아 있어야 합니다.)

먼저 [그림]의 영역 간의 관계를 고려해서 [그래프]로 바꿉니다. [그래프]의 연결 관계를 보고 [트리]를 이용하여 각 영역에 칠할 수 있는 색을 정한 후, 그 결과를 [완성]에 나타냅니다.

[그림]

[그래프]

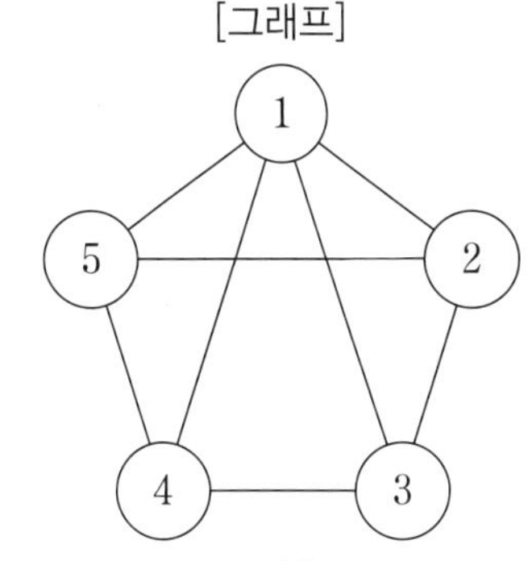


[트리]

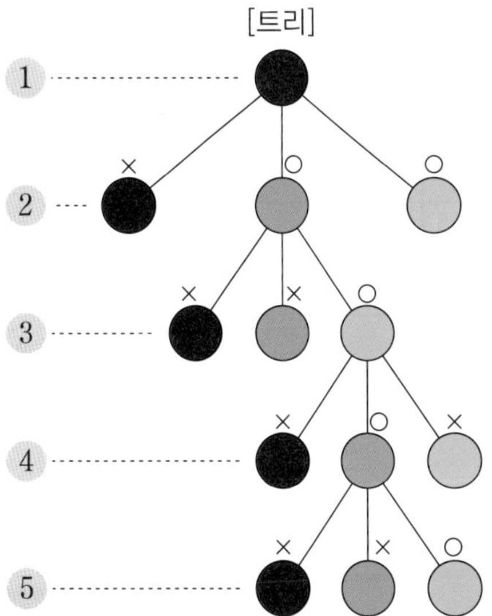


[완성]

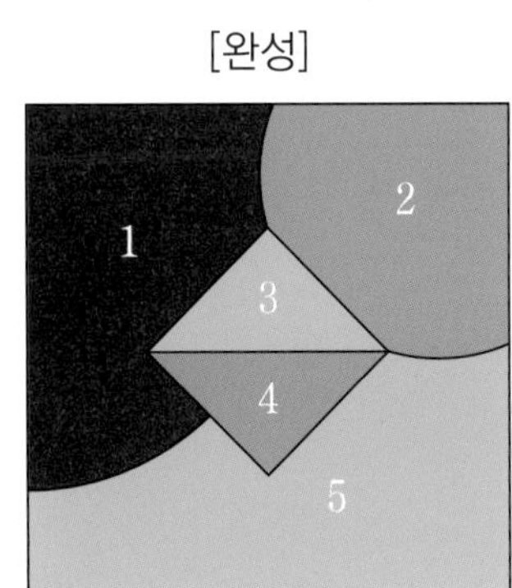


이와 같은 방법으로 빨간색, 초록색, 파란색의 3가지 색을 이용하여 다음 그림의 이웃한 영역을 서로 다른 색으로 칠해 보세요.

| 1 | 2 | 3 |
|---|---|---|
| 4 | 5 | 6 |
| 7 | 8 | 9 |

3 단원

[그래프]

| 1 | 2 | 3 |
|---|---|---|
| 4 | 5 | 6 |
| 7 | 8 | 9 |

[완성]

| 1 | 2 | 3 |
|---|---|---|
| 4 | 5 | 6 |
| 7 | 8 | 9 |

[트리]

07 비교하여 나열하기

# 선택정렬과 알고리즘

정답 및 해설 21쪽

자료를 순서대로 나열하기 위해서는 정렬의 과정이 필요합니다. 그중 선택정렬의 과정에 대해 알아볼까요?

**핵심 키워드** #선택정렬 #정렬 알고리즘 #데이터

### 선택정렬(Selection Sorting)

선택정렬(Selection Sorting)은 가장 작은 자료를 맨 앞으로 보내는 과정을 반복하는 것입니다. 처음에는 $n$개의 데이터 중에서 최솟값을 찾고, 찾은 최솟값과 첫 번째 자리의 수를 교환하여 데이터의 최솟값이 맨 앞에 오도록 정렬합니다. 그 다음은 제일 앞에 놓인 최솟값을 제외한 나머지 $(n-1)$개의 데이터의 크기를 비교하여 이와 같은 과정을 반복합니다.

3 단원

## STEP 1

[수학교과역량] 추론능력, 문제해결능력

퐁퐁이는 가장 작은 자료를 맨 앞으로 보내는 과정을 반복하는 선택정렬의 방식으로 다음 데이터를 오름차순으로 정렬하려고 합니다. 다음은 그 과정을 표로 나타낸 것의 일부분입니다. 선택정렬의 과정을 마칠 때까지 15번의 비교를 했다고 할 때, 총 몇 번의 교환을 해야 하는지 구해 보세요.

초기 데이터: 10, 7, 4, 6, 11, 9

| 데이터 | | | | | | 비교 | 교환 |
|---|---|---|---|---|---|---|---|
| 10 | 7 | 4 | 6 | 11 | 9 | | |
| | | | | | | (10, 7) | |
| | | | | | | (7, 4) | |
| | | | | | | (4, 6) | |
| | | | | | | (4, 11) | |
| | | | | | | (4, 9) | |
| | | | | | | | (10 ↔ 4) |
| 4 | 7 | 10 | 6 | 11 | 9 | | |
| | | | | | | (7, 10) | |
| | | | | | | (7, 6) | |
| | | | | | | (6, 11) | |
| | | | | | | (6, 9) | |
| | | | | | | | (7 ↔ 6) |
| 4 | 6 | 10 | 7 | 11 | 9 | | |
| | | ⋮ | | | | ⋮ | |

**STEP 2**

[수학교과역량] 추론능력, 문제해결능력

코코가 다음의 초기 데이터를 선택정렬의 과정을 통해 오름차순으로 정렬하고자 합니다. 선택정렬의 과정을 마칠 때까지 28번의 비교를 했다고 할 때, 총 몇 번의 교환을 해야 하는지 구해 보세요.

초기 데이터: 5, 3, 8, 10, 7, 11, 4, 20

비교하여 나열하기

# 08 버블정렬과 알고리즘

정답 및 해설 22쪽

자료를 순서대로 나열하기 위해서는 정렬의 과정이 필요합니다. 그중에서 버블정렬의 과정에 대해 알아 볼까요?

**핵심 키워드** #버블정렬 #정렬 알고리즘 #데이터

## 버블정렬(Bubble Sorting)

버블정렬(Bubble Sorting)은 주어진 데이터를 오름차순으로 정렬하고자 할 때, 이웃한 데이터끼리 크기를 비교하며 작은 수를 앞으로 이동시키는 과정을 반복하는 방법입니다. 인접한 데이터끼리 비교하는 과정이 마치 거품(Bubble)이 발생하는 것 같다고 하여 버블정렬이라는 이름이 지어졌습니다.

3 단원

## STEP 1

[수학교과역량] 문제해결능력

퐁퐁이가 이번에는 이웃한 데이터끼리 크기를 비교하며 작은 수를 앞으로 이동시키는 버블정렬의 방식으로 다음 데이터를 오름차순으로 정렬하려고 합니다. 다음은 그 과정을 표로 나타낸 것의 일부분입니다. 버블정렬의 과정을 마칠 때까지 15번의 비교를 했다고 할 때, 총 몇 번의 교환을 해야 하는지 구해 보세요.

초기 데이터: 10, 7, 4, 6, 11, 9

| 데이터 | | | | | | 비교 | 교환 |
|---|---|---|---|---|---|---|---|
| 10 | 7 | 4 | 6 | 11 | 9 | | |
| | | | | | | (10, 7) | |
| | | | | | | | (10 ↔ 7) |
| 7 | 10 | 4 | 6 | 11 | 9 | | |
| | | | | | | (10, 4) | |
| | | | | | | | (10 ↔ 4) |
| 7 | 4 | 10 | 6 | 11 | 9 | | |
| | | | | | | (10, 6) | |
| | | | | | | | (10 ↔ 6) |
| 7 | 4 | 6 | 10 | 11 | 9 | | |
| | | | | | | (10, 11) | |
| | | | | | | | 교환 없음 |
| 7 | 4 | 6 | 10 | 11 | 9 | | |
| | | | | | | (11, 9) | |
| | | | | | | | (11 ↔ 9) |
| 7 | 4 | 6 | 10 | 9 | 11 | | |
| | | | ⋮ | | | | ⋮ |

STEP 2

[수학교과역량] 추론능력, 문제해결능력

총 $n$개의 데이터를 버블정렬의 방법을 이용하여 데이터를 오름차순으로 정렬하려고 합니다. 이때, 버블정렬 과정을 마칠 때까지 일어나는 비교 횟수를 $n$을 이용하여 식으로 나타내어 보세요.

# 도전! 코딩 스크래치(scratch) 펭귄의 보물찾기!

(이미지 출처: 스크래치(https://microbit.org/))

스크래치는 어린이들이 쉽고 재미있게 프로그래밍을 익힐 수 있도록 만들어진 블록코딩 사이트입니다. 일반적인 프로그래밍 언어들과는 다르게 명령이 블록으로 구성되어 있기 때문에 누구나 손쉽게 마우스 하나로 프로그래밍을 할 수 있습니다. 특히 게임과 같은 프로그램을 블록을 이용하여 어렵지 않게 만들 수 있기 때문에 전세계 어린이들의 사랑을 받고 있습니다.

스크래치에서 코딩을 하기 위해서는 사이트(https://scratch.mit.edu/)에 접속해야 합니다.

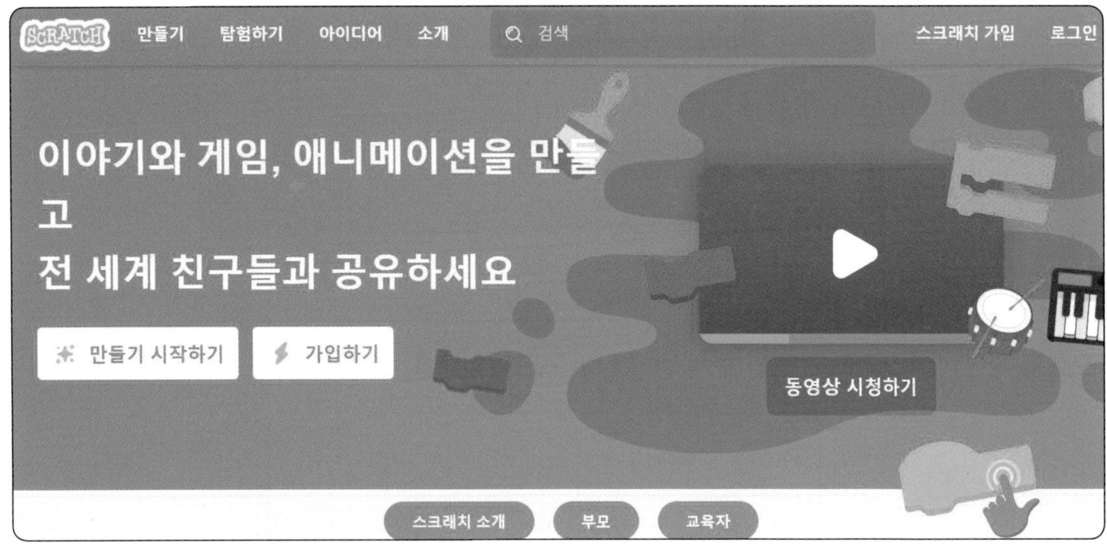


이번 단원에서 우리는 알고리즘이 무엇인지, 그리고 알고리즘을 어떻게 구성하는지에 대해 알아 보았습니다.

이제 보물을 찾아 떠나는 펭귄 게임을 만들기 위해 어떻게 알고리즘을 구성하여 블록코딩으로 재현해야 할지 알아 볼까요?

## WHAT?

보물을 찾아 떠나는 펭귄

➔ 스프라이트를 180° 회전했을 때, 원래 모양과 일치하는지 확인해 봅시다.

# 도전! 코딩

## HOW?

➔ 휴대폰 화면에서는 모든 화면이 들어오지 않을 수 있으므로 정상 실행을 위해서는 탭이나 컴퓨터를 이용하세요.(인터넷 익스플로러와 iOS는 지원하지 않습니다.)

1. 메인 화면의 [만들기 시작하기] 버튼을 눌러 새 파일을 시작하세요.

이야기와 게임, 애니메이션을 만들고
전 세계 친구들과 공유하세요
만들기 시작하기 | 가입하기

2. 🌐을 눌러 한국어로 설정해 주세요.

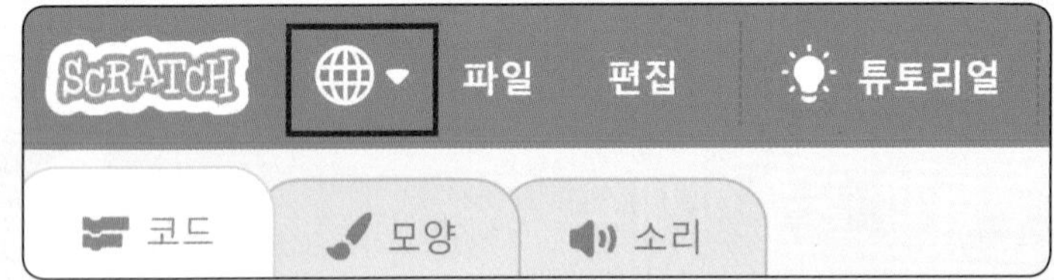


3. 오른쪽 하단의 스프라이트 탭을 보세요. 고양이 스프라이트를 삭제하세요.

4. [스프라이트 선택] 버튼을 눌러 펭귄을 선택합니다.

5. [크기]를 눌러 50으로 맞춥니다.

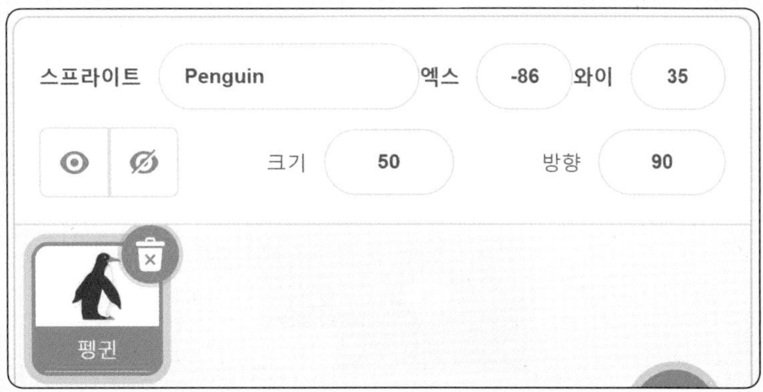


6. 배경 그리기를 시작합니다. 오른쪽 하단의 [무대(배경)] 버튼을 누르고, [그리기]를 선택하세요.

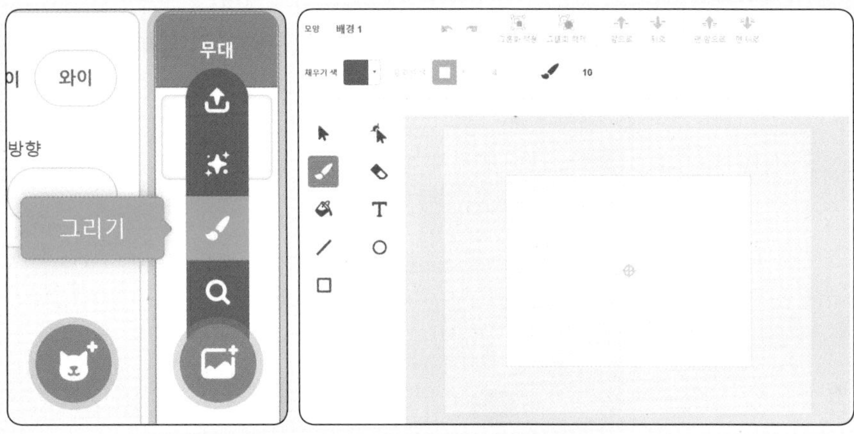


7. 붓과 색칠하기 도구를 이용하여 다음과 같이 게임의 배경을 꾸미고, 타원 도구를 이용해서 보물을 그립니다.

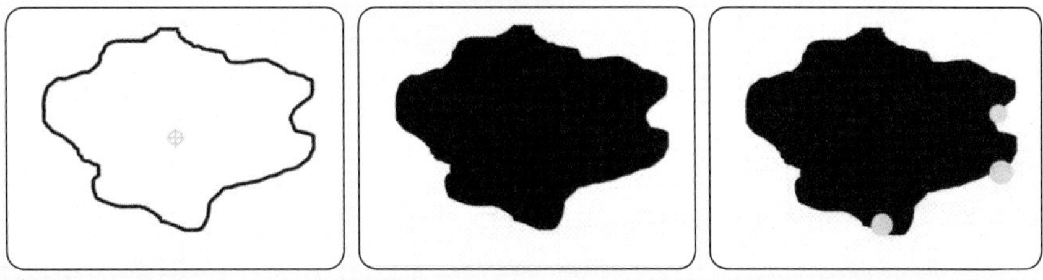

8. [코드] 탭으로 가서 코딩을 시작합니다. 코드 실행 시 무한 반복할 수 있도록 다음과 같이 블록을 끌어옵니다.

9. 마우스 포인터가 움직임에 따라 스프라이트(펭귄)이 움직일 수 있도록 다음과 같이 블록을 무한 반복 블록 안에 넣습니다.

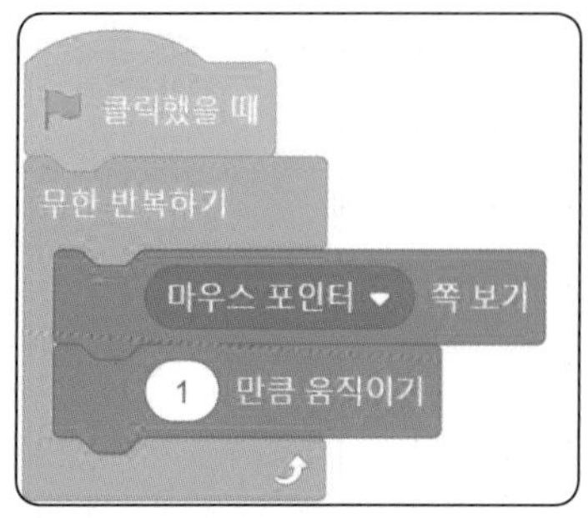


10. 펭귄이 섬(갈색)에 닿으면 '실패!'라고 나타낼 수 있도록 블록을 넣습니다.
    ➔ 하단의 버튼을 클릭하여 갈색 부분의 원하는 색을 선택합니다.
    ➔ 갈색의 섬에 닿았으면 '실패!'를 말하고, 펭귄이 멈추도록 멈추기 블록을 넣습니다.

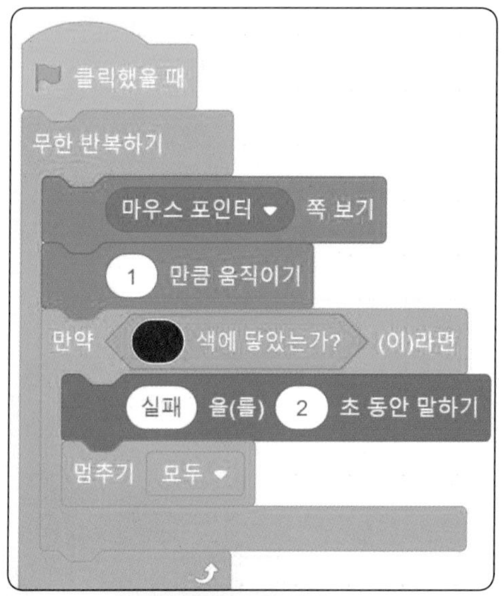


11. 펭귄이 보물(노란색)에 닿으면 '보물을 찾았다!'라고 나타낼 수 있도록 블록을 넣습니다.
    ➔ 하단의 버튼을 클릭하여 노란색 부분의 원하는 색을 선택합니다.
    ➔ 펭귄이 보물에 닿으면 '보물을 찾았다!'를 말하고, 펭귄이 멈추도록 멈추기 블록을 넣습니다.

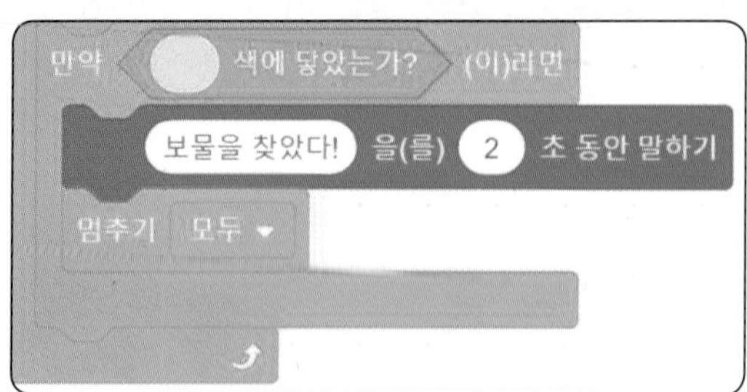

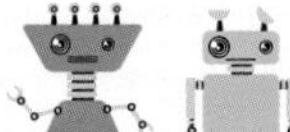

12. 상단의 초록 깃발을 눌러 직접 실행해 보세요.

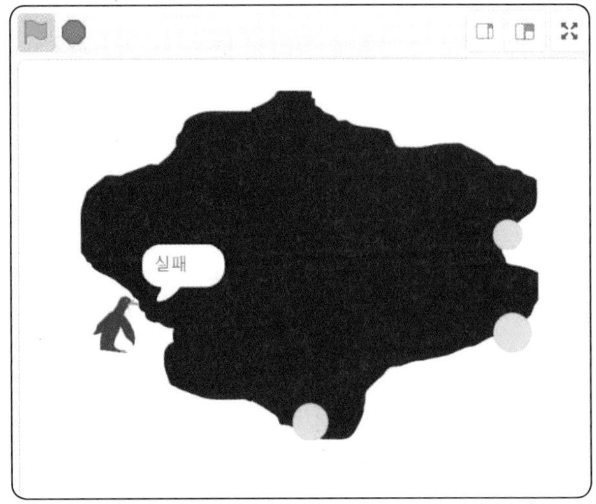

3
단원

DO IT!

➔ 사이트에 직접 접속하여 코딩을 해 봅시다. 코딩 후에는 꼭 실행해 보세요.

▲ 코딩 직접 해 보기

# 정리 시간

▶ 정답 및 해설 23쪽

〈3단원-알고리즘이 쑥쑥〉을 학습하며 배운 개념들을 정리해 보는 시간입니다.

**1** 용어에 알맞은 설명을 선으로 연결해 보세요.

| 용어 | 설명 |
|---|---|
| 알고리즘 • | • 약속된 기호와 도형을 이용하여 알고리즘을 표현하는 방법 |
| 순서도 • | • 일상적으로 우리가 사용하는 언어로 문제를 해결하는 과정을 순서대로 나열하는 것 |
| 자연어 알고리즘 • | • 문제를 해결하기 위해 명령들로 구성된 일련의 순서화된 절차 |
| 이진탐색 • | • 주어진 데이터를 오름차순으로 정렬하고자 할 때, 이웃한 데이터끼리 비교하며 교환해 나가는 방법 |
| 버블정렬 • | • 데이터의 배열에서 중간에 있는 임의의 값을 선택하고, 찾고자 하는 값과 비교하며 탐색하는 방법 |

**2** 출발지부터 도착지까지 모든 길을 빠짐없이 거쳐가도록 하는 알고리즘을 설명해 보세요.

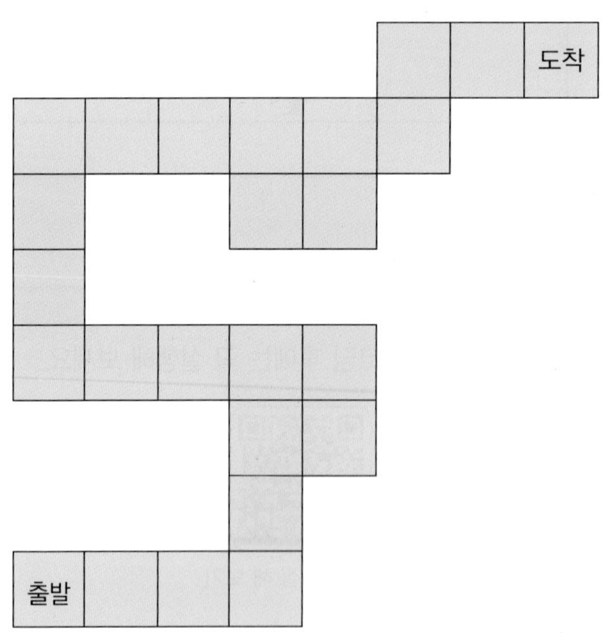

# 언플러그드 코딩놀이 똑같이 컵 쌓기

| 인원 | 2인 이상 | 소요시간 | 10분 |
| --- | --- | --- | --- |
| 방법 | | | |

❶ 컵 5개와 종이를 준비합니다.

❷ 먼저 컵을 원하는 방법으로 쌓고, 상대방에게 보이지 않도록 가립니다.

❸ 상대방이 컵을 쌓을 수 있도록 알고리즘으로 나타냅니다.

❹ 상대방은 알고리즘을 보고 컵을 그대로 쌓습니다.

❺ 처음 쌓은 컵과 상대방이 쌓은 컵의 모양이 같은지 확인해 봅니다.

❻ 점차 컵의 개수를 늘려서 같은 방법으로 진행해 봅니다.

## 게임 예시

1. 컵 5개를 쌓습니다.

2. 컵을 쌓은 방법을 생각하며 알고리즘으로 나타냅니다.

❶ 뒤집은 컵 3개를 옆으로 나란히 놓는다.

❷ 남은 겁 2개를 똑바로 세운다.

❸ ❷의 컵 중 1개를 ❶의 컵 2개에 걸쳐 올려 놓는다.

❹ ❷의 나머지 컵 1개도 ❸에서 놓은 컵 옆에 ❶의 남은 2개의 컵 위에 올려 놓는다.

3. 쌓은 컵을 비교해 봅니다.

**Tip** 알고리즘에서 컵 쌓는 순서와 위치, 모양을 정확하게 나타내어야 합니다.

# 한 발자국 더 인공지능 탐구 알파고의 비밀

*알파고(Alphago): 구글 딥마인드가 개발한 인공지능 컴퓨터 바둑 프로그램.

*딥러닝: 딥러닝은 컴퓨터가 마치 사람처럼 생각하고 배울 수 있도록 하는 방법으로, 기계가 학습하는 방법 중 하나.

# 4

# 나는야 데이터 탐정

| 학습내용 | 공부한 날 | 개념 이해 | 문제 이해 | 복습한 날 |
|---|---|---|---|---|
| 1. 오류와 디버깅 | 월 일 | | | 월 일 |
| 2. 오류와 패리티 비트 | 월 일 | | | 월 일 |
| 3. 오류와 해밍코드 | 월 일 | | | 월 일 |
| 4. 오류와 체크섬 | 월 일 | | | 월 일 |
| 5. 오류와 체크 숫자 | 월 일 | | | 월 일 |
| 6. 얼굴 인식과 분석 | 월 일 | | | 월 일 |
| 7. 데이터와 시각화 | 월 일 | | | 월 일 |
| 8. 데이터와 분석 | 월 일 | | | 월 일 |

오류를 찾아라!

# 01 오류와 디버깅

정답 및 해설 24쪽

데이터에는 때로는 오류가 포함될 수 있습니다. 오류와 그 오류를 찾는 디버깅에 대해 알아 볼까요?

핵심 키워드 #오류 검출 #오류 수정 #디버깅

## STEP 1

[수학교과역량] 추론능력, 문제해결능력

다음은 각 나라의 도시의 시각을 나타낸 표입니다. 세 곳에서 오류가 발견되었을 때, 오류가 있는 지역의 시각은 언제인지 찾고, 바르게 고쳐 보세요.

| 지역 | 시각 | | | | |
|---|---|---|---|---|---|
| 서울 | 9:00 | 12:00 | 15:00 | 17:00 | 20:00 |
| 워싱턴 D.C. | 20:00 | 23:00 | 1:00 | 4:00 | 7:00 |
| 상하이 | 7:00 | 10:00 | 14:00 | 15:00 | 18:00 |
| 베를린 | 2:00 | 5:00 | 8:00 | 10:00 | 13:00 |
| 런던 | 1:00 | 4:00 | 7:00 | 9:00 | 13:00 |

## STEP 2

[수학교과역량] 추론능력, 문제해결능력

다음은 글자 **빵**을 [규칙]에 따라 뒤집거나 돌린 것입니다.

**규칙**

| | 규칙 1 | 규칙 2 | 규칙 3 | 규칙 4 | 규칙 5 | 규칙 6 |
|---|---|---|---|---|---|---|
| 빵 | [illegible] | [illegible] | [illegible] | 빵 | [illegible] | [illegible] |

다음의 도형을 위의 [규칙]에 적용했을 때, ㄱ~ㅂ 중에서 오류가 있는 곳의 기호를 찾아 쓰고, 바르게 고쳐 보세요.

| 도형 | 규칙 1 | 규칙 2 | 규칙 3 | 규칙 4 | 규칙 5 | 규칙 6 |
|---|---|---|---|---|---|---|
| ✕ ○<br>△ □ | ▷ ✕<br>□ ○ | □ ○<br>▷ ✕ | ▽ □<br>✕ ○ | □ ▽<br>○ ✕ | ▷ ✕<br>□ ○ | □ ○<br>▷ ✕ |
| | ㄱ | ㄴ | ㄷ | ㄹ | ㅁ | ㅂ |

..............................

..............................

..............................

### 생각 쑥쑥 오류와 디버깅

오류(Error)는 소프트웨어, 장치 등에서 생기는 문제 상황입니다. 특히 프로그래밍 과정에서 생기는 오류를 버그(Bug)라고 부르기도 합니다. 그리고 이 버그를 찾아서 제거하는 것을 디버깅(Debugging)이라고 합니다. 코딩을 하는 것도 중요하지만, 오류가 났을 때 원인을 찾아 문제를 해결할 수 있는 능력도 아주 중요합니다.

오류 검출하기

# 02 오류와 패리티 비트

정답 및 해설 25쪽

오류를 검출하는 방법에는 무엇이 있을까요? 오류를 쉽고 간단하게 알아내는 가장 대표적인 방법은 바로 패리티 비트를 활용하는 것입니다.

**핵심 키워드** #오류 검출 #오류 수정 #패리티 비드 #병렬 패리티 #블록합 검사

## 생각 쑥쑥 패리티 비트(Parity Bit)

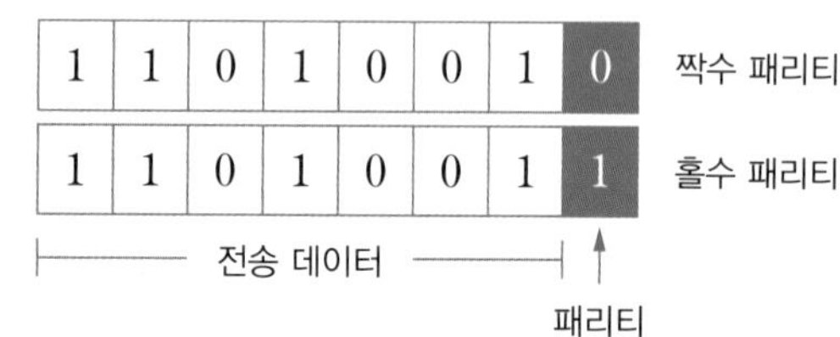


패리티 비트(Parity Bit)는 데이터를 전송하는 과정에서 오류가 생겼는지를 확인하기 위해 데이터 마지막에 추가되는 비트입니다. 전송하고자 하는 데이터의 끝에 1비트를 더하여 전송하는 방법으로, 오류를 검출할 수 있습니다. 패리티 비트에는 2가지 종류의 패리티 비트(홀수, 짝수)가 있습니다. 짝수(even) 패리티는 전체 비트에서 1의 개수가 짝수가 되도록 패리티 비트를 정하는 것이고, 홀수(odd) 패리티는 전체 비트에서 1의 개수가 홀수가 되도록 패리티 비트를 정하는 것입니다.

## STEP 1

[수학교과역량] **추론능력, 문제해결능력**

코코는 데이터 오류 검출을 위해 데이터에 홀수 패리티 비트를 추가해 아래와 같이 오류를 쉽게 검출했습니다.

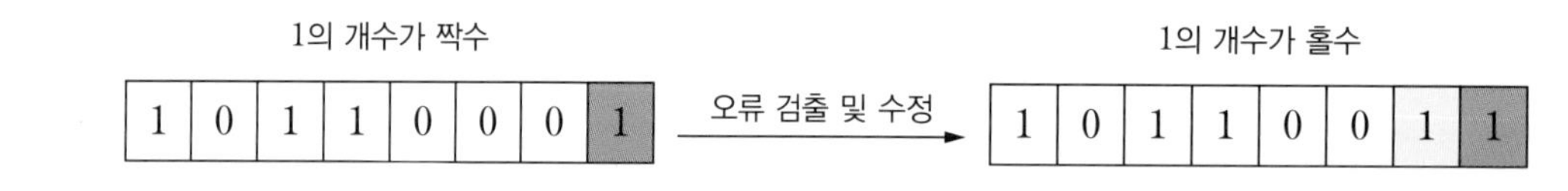


다음 데이터에 홀수 패리티 비트를 추가했을 때 오류가 발생한 데이터를 모두 찾아 보세요.

STEP 2

[수학교과역량] 추론능력

다음 데이터는 각각의 가로 행과 세로 열의 1의 개수가 홀수가 되도록 패리티 비트를 추가한 것입니다. 오류가 있는 데이터가 2개 있을 때, 어떤 데이터에 오류가 있는지 찾아 동그라미 표시를 하고, 바르게 고쳐 보세요.(단, 수정할 수 있는 방법은 2가지이며, 그중 1가지를 작성합니다.)

| | | | | | | | | |
|---|---|---|---|---|---|---|---|---|
| 1 | 0 | 1 | 0 | 1 | 1 | 1 | 0 | 0 |
| 1 | 1 | 1 | 0 | 0 | 0 | 1 | 0 | 1 |
| 0 | 0 | 0 | 1 | 0 | 1 | 1 | 1 | 1 |
| 1 | 0 | 1 | 0 | 1 | 1 | 0 | 1 | 0 |
| 1 | 0 | 0 | 1 | 1 | 1 | 1 | 1 | 0 |
| 1 | 1 | 0 | 1 | 0 | 1 | 0 | 1 | 0 |
| 0 | 1 | 1 | 1 | 1 | 0 | 1 | 1 | 1 |
| 1 | 1 | 0 | 0 | 1 | 1 | 0 | 0 | 0 |
| 0 | 1 | 1 | 1 | 0 | 1 | 0 | 1 | 0 |

## 병렬 패리티(Parallel Parity)

병렬 패리티는 블록합 검사(Block Sum Check)라고도 불리는데, 패리티 비트를 가로와 세로 2차원으로 배열한 것입니다. 각 비트를 가로와 세로 총 2번 검사하여 오류를 검출해 낼 수 있습니다. 기존의 수평 또는 수직으로 배열한 패리티 비트는 단지 오류가 있는지 검출할 뿐 어디에 오류가 있는지 찾을 수 없지만, 병렬 패리티는 가로와 세로 패리티 검사를 모두 실시하기 때문에 오류의 위치를 정확하게 찾을 수 있고, 찾은 오류에 대해 수정도 가능합니다.

오류의 위치는?

# 03 오류와 해밍코드

정답 및 해설 26쪽

패리티 비트는 오류를 검출할 수 있지만, 어디에 오류가 있는지 찾지 못하는 단점이 있습니다. 이것을 보완한 해밍코드는 오류의 위치를 찾을 수 있어요.

#오류 검출 #오류 수정 #패리티 비트 #해밍코드

생각 쏙쏙

## 해밍코드(Hamming Code)

해밍코드(Hamming Code)는 수학자 리처드 웨슬리 해밍(Richard Wesley Hamming)이 고안한 방법으로, 해밍코드를 사용하면 오류의 위치를 발견하고 오류를 수정할 수 있습니다. 해밍코드는 데이터의 1, 2, 4, 8, 16, 32, …번째 자리에 패리티 비트($P_1$, $P_2$, $P_3$, $P_4$, …)를 넣고, 나머지 자리에는 데이터 비트를 넣습니다. 이때, 각 자리에 패리티 비트를 넣는 방법은 다음과 같습니다. $P_1$의 패리티 비트는 1, 3, 5, 7, 9, …번째 자리의 값들을 패리티 검사하여 구할 수 있고, $P_2$는 2, 3, 6, 7, 10, 11, …, $P_3$은 4, 5, 6, 7, 12, …, $P_4$는 8, 9, 10, 11, 12, …번째 자리의 값들을 패리티 검사하여 구할 수 있습니다.

| … | | | | $P_4$ | | | | $P_3$ | | $P_2$ | $P_1$ |
|---|---|---|---|---|---|---|---|---|---|---|---|
| … | 11 | 10 | 9 | 8 | 7 | 6 | 5 | 4 | 3 | 2 | 1 |

## STEP 1

[수학교과역량] 추론능력, 문제해결능력, 창의·융합능력

다음은 데이터 1110에 대해 해밍코드를 만드는 과정의 일부를 나타낸 것입니다. ㉠, ㉡에 들어갈 알맞은 숫자를 구해 보세요.(단, 짝수 패리티로 해밍코드를 만듭니다.)

과정

❶

| 1 | 1 | 1 | $P_3$ | 0 | $P_2$ | $P_1$ |
|---|---|---|---|---|---|---|
| 7 | 6 | 5 | 4 | 3 | 2 | 1 |

1, 2, 4번째 자리에 패리티 비트 $P_1$, $P_2$, $P_3$을 넣고, 나머지 자리에 데이터 1110을 채워 넣습니다.

❷

| 1 | 1 | 1 | $P_3$ | 0 | $P_2$ | $P_1$ |
|---|---|---|---|---|---|---|
| 7 | 6 | 5 | 4 | 3 | 2 | 1 |

$P_1$을 구하기 위해 1, 3, 5, 7번째 자리의 데이터를 보면, $P_1$, 0, 1, 1입니다. 짝수 패리티로 해밍코드를 만들었으므로, $P_1$은 0입니다.

❸

| 1 | 1 | 1 | $P_3$ | 0 | $P_2$ | $P_1$ |
|---|---|---|---|---|---|---|
| 7 | 6 | 5 | 4 | 3 | 2 | 1 |

$P_2$를 구하기 위해 2, 3, 6, 7번째 자리의 데이터를 보면 $P_2$, 0, 1, 1입니다. 짝수 패리티로 해밍코드를 만들었으므로, $P_2$는 ( ㉠ )입니다.

❹

| 1 | 1 | 1 | $P_3$ | 0 | $P_2$ | $P_1$ |
|---|---|---|---|---|---|---|
| 7 | 6 | 5 | 4 | 3 | 2 | 1 |

$P_3$를 구하기 위해 4, 5, 6, 7번째 자리의 데이터를 보면 $P_3$, 1, 1, 1입니다. 짝수 패리티로 해밍코드를 만들었으므로, $P_3$는 ( ㉡ )입니다.

| ㉠ | | ㉡ | |
|---|---|---|---|

STEP 2

[수학교과역량] 추론능력, 문제해결능력, 창의·융합능력

다음은 퐁퐁이와 코코가 주고 받는 데이터에 대한 설명입니다.

퐁퐁이는 데이터 ( ㉠ )을 전송하기 전, 혹시 모를 오류를 방지하기 위하여 해밍코드를 만들기로 했습니다. 다음과 같이 패리티 비트를 넣을 자리를 제외하고 나머지 자리에는 데이터 비트를 써 넣었습니다.

| ? | ? | ? | ? | ? | ? | ? | $P_4$ | ? | ? | ? | $P_3$ | ? | $P_2$ | $P_1$ |
|---|---|---|---|---|---|---|---|---|---|---|---|---|---|---|
| 15 | 14 | 13 | 12 | 11 | 10 | 9 | 8 | 7 | 6 | 5 | 4 | 3 | 2 | 1 |

$P_1$은 1, 3, 5, 7, 9, 11, 13, 15번째 자리, $P_2$는 2, 3, 6, 7, 10, 11, 14, 15번째 자리, $P_3$은 4, 5, 6, 7, 12, 13, 14, 15번째 자리, $P_4$는 8, 9, 10, 11, 12, 13, 14, 15번째 자리의 값들을 비교하여 짝수 패리티로 만들었습니다. 그후 퐁퐁이는 코코에게 데이터를 전송했습니다.

코코는 퐁퐁이에게 받는 데이터에 오류가 있는지 확인하기 위해 해밍코드를 살펴보았습니다. 이때 ( ㉡ )번째 자리에서 데이터 비트에 오류가 있는 것을 발견했습니다.

〈퐁퐁이에게 받은 데이터〉

| 1 | 1 | 1 | 0 | 1 | 1 | 0 | 0 | 1 | 1 | 0 | 0 | 1 | 1 | 0 |
|---|---|---|---|---|---|---|---|---|---|---|---|---|---|---|
| 15 | 14 | 13 | 12 | 11 | 10 | 9 | 8 | 7 | 6 | 5 | 4 | 3 | 2 | 1 |

코코는 해밍코드 덕분에 퐁퐁이가 보내려고 했던 원래의 데이터가 ( ㉠ )인 것을 알 수 있었습니다.

위의 설명에서 ㉠, ㉡에 들어갈 알맞은 것을 구해 보세요.

| ㉠ | | ㉡ | |
|---|---|---|---|

4 단원

오류를 찾아라!

# 04 오류와 체크섬

정답 및 해설 27쪽

패리티 비트의 한계를 보완한 해밍코드 외에도 데이터의 오류를 발견할 수 있는 다양한 방법이 있어요. 데이터들의 합을 이용하여 오류를 검출하는 체크섬 방법에 대해 알아 볼까요?

핵심 키워드 #오류 검출 #오류 수정 #체크섬

## STEP 1

[수학교과역량] 추론능력, 정보처리능력

코코는 학교 도서관의 책들을 한눈에 살펴보기 위해 데이터로 저장해 두었습니다. 그러나 어떤 책 한 권이 데이터에 반영되지 않았다는 것을 알게 되었습니다.

| 분야 / 제목 *초성 | 철학, 종교 | 사회과학 | 자연과학, 기술과학 | 예술 | 언어, 문학 | 역사 | 합계 |
|---|---|---|---|---|---|---|---|
| ㄱㄴㄷ | 10 | 28 | 30 | 16 | 8 | 6 | 98 |
| ㄹㅁㅂ | 5 | 17 | 25 | 15 | 16 | 23 | 101 |
| ㅅㅇㅈ | 6 | 6 | 14 | 20 | 2 | 5 | 54 |
| ㅊㅋㅌ | 3 | 13 | 5 | 15 | 4 | 8 | 48 |
| ㅍㅎ | 7 | 18 | 17 | 9 | 3 | 14 | 68 |
| 합계 | 31 | 82 | 91 | 76 | 33 | 56 | |

다음의 책 중에서 어떤 책이 데이터에 반영되지 않았는지 찾고, 위의 표에서 잘못된 부분을 바르게 고쳐 보세요.(단, 합계 데이터는 모든 책이 바르게 반영된 것으로 오류가 없습니다.)

| | ① | ② | ③ | ④ | ⑤ |
|---|---|---|---|---|---|
| 분야 | 철학, 종교 | 사회과학 | 자연과학, 기술과학 | 예술 | 역사 |
| 책 제목 | 정의를 생각하다. | 공부 비법 100가지 | 요리는 과학이다. | 세계의 예술가들 | 한국사 파헤치기 |

*초성: 처음 소리의 자음

## STEP 2

[수학교과역량] **추론능력, 문제해결능력, 정보처리능력**

다음은 실제로 프로그램에서 데이터를 체크섬(Check Sum)을 통해 점검하는 [방법]입니다.

**방법**

전송하고자 하는 데이터

10101010
11001100

❶ 전송하고자 하는 데이터를 서로 더합니다. 이때, 0과 0을 더하면 0, 1과 0을 더하면 1, 1과 1을 더하면 10이 되어 다음 자리로 넘어갑니다.

```
   10101010
 + 11001100
 ----------
  101110110
```

❷ ❶의 결과 중 제일 맨 앞의 데이터를 생략하고, 생략한 데이터와 맨 앞의 데이터를 서로 더합니다.

```
 X01110110
 +└──────►1
 ---------
  01110111
```

❸ ❷에서 구한 결과에서 0은 1로, 1은 0으로 바꿉니다. 이 결과는 체크섬입니다.

01110111 → 10001000

❹ 체크섬과 함께 데이터를 전송합니다. 상대방이 받을 데이터는 다음과 같습니다.

10101010
11001100
10001000 (체크섬)

❺ 받은 데이터를 서로 더합니다.(❶처럼 0과 0을 더하면 0, 1과 0을 더하면 1, 1과 1을 더하면 10이 되어 다음 자리로 넘어갑니다.)

```
   10101010
   11001100
 + 10001000
 ----------
  111111110
```

❻ ❺의 결과 중 제일 맨 앞의 데이터를 생략하고, 생략한 데이터와 맨 앞의 데이터를 서로 더합니다.

```
 X11111110
 +└──────►1
 ---------
  11111111
```

❼ ❻에서 구한 결과에서 0은 1로, 1은 0으로 바꿉니다.

11111111 → 00000000

❽ ❼의 결과가 모두 0이면 오류가 없는 것이고, 그렇지 않으면 오류가 있는 것입니다.

00000000 → 오류 없음

상대방에게 전송하고자 하는 데이터가 다음과 같을 때, 이 데이터에 오류가 있는지 판별해 보세요.

10110111
10010010

4 단원

### 체크섬(Check Sum)

체크섬(Check Sum)은 데이터에 오류가 있는지 검사하기 위한 방법 중 하나입니다. 보통은 디지털 데이터의 맨 마지막에 삽입되며, 데이터를 입력 또는 전송할 때 모두 더한 합계(Sum)를 따로 보내는 것이 바로 체크섬(Check Sum)입니다. 데이터를 하나씩 더한 다음, 이를 최종적으로 들어온 합계와 비교해서 차이가 있는지를 점검합니다.

05 일상 속 데이터

# 오류와 체크 숫자

정답 및 해설 28쪽

주민등록번호, 바코드와 같이 우리 일상을 함께하는 데이터 속에도 오류를 방지하기 위한 비밀의 숫자가 있습니다. 체크 숫자에 대해 알아 볼까요?

핵심 키워드 #오류 검출 #오류 수정 #주민등록번호 #바코드 #체크 숫자

## STEP 1

[수학교과역량] 창의·융합능력, 문제해결능력, 정보처리능력

13개의 숫자로 이루어진 주민등록번호는 대한민국에 거주하는 모든 국민에게 발급하는 번호입니다. 주민등록번호의 각 자리 숫자는 생년월일, 성별, 지역번호, 등록 순서의 정보를 담고 있습니다. 이 중에서 13번째 자리의 숫자는 주민등록번호의 오류를 검증하기 위한 체크 숫자입니다.

| 1 | 2 | 3 | 4 | 5 | 6 | – | 7 | 8 | 9 | 10 | 11 | 12 | 13 |
|---|---|---|---|---|---|---|---|---|---|---|---|---|---|
| 생년 | | 월 | | 일 | | | 성별 | 지역번호 | | | | 등록 순서 | 체크 숫자 |

주민등록번호의 오류를 검증하는 [방법]이 다음과 같을 때, 아래의 주민등록번호에 오류가 있는지 없는지 확인하고, 그 이유를 서술해 보세요.

**방법**

❶ 체크 숫자를 제외하고 각 자리의 수에 순서대로 2, 3, 4, 5, 6, 7, 8, 9, 2, 3, 4, 5를 곱합니다.

❷ ❶에서 구한 수를 모두 더합니다.

❸ ❷에서 구한 수를 11로 나누고 몫과 나머지를 구합니다.

❹ 11에서 ❸에서 구한 나머지를 뺍니다.

❺ 체크 숫자와 ❹에서 구한 수가 일치하면 주민등록번호에 오류가 없으며, 일치하지 않으면 오류가 있습니다.

861219 – 1215348

## STEP 2

[수학교과역량] 창의·융합능력, 문제해결능력, 정보처리능력

ISBN(International Standard Book Number)은 국제 표준 도서 번호로, 전 세계의 모든 도서에 부여된 고유 번호입니다. ISBN은 13개의 숫자로 이루어져 있으며, 각 자리의 수는 발행 국가, 발행자, 도서 이름 등의 정보가 담겨있습니다. 이중에서 13번째 숫자는 ISBN의 오류를 검증하는 체크 숫자입니다. 다음은 ISBN에 오류가 있는지 검증하는 [방법]입니다.

**방법**

❶ 짝수 번째 자리의 수에 3을 곱한다.
❷ ❶에서 구한 값에 홀수 번째 자리의 수를 모두 더한다.
❸ 10에서 ❷에서 구한 값의 일의 자리 수를 뺀다.
❹ ❸에서 구한 값과 ISBN의 13번째 자리의 숫자인 체크 숫자와 일치하면 ISBN에 오류가 없으며 일치하지 않으면 오류가 있다.

위의 [방법]으로 아래 도서의 ISBN의 오류를 검증했을 때, 오류가 발견되지 않았습니다. 이때 다음 □에 들어갈 알맞은 숫자를 구해 보세요.

정가 **16,000원**
ISBN
979-11-25□-9606-9
9 791125 □96069

# 06 데이터 학습하기
# 얼굴 인식과 분석

정답 및 해설 29쪽

인공지능이 탄생하기 위해서는 많은 데이터를 학습해야 합니다. 그중 우리 주변에서 쉽게 접할 수 있는 얼굴 인식에 대해 알아 봅시다.

**핵심 키워드** #데이터 학습 #인공지능 #얼굴 인식

## STEP 1

[수학교과역량] 창의·융합능력, 문제해결능력, 의사소통능력

퐁퐁이는 얼굴 표정만 보고도 사람의 기분을 알 수 있도록 하는 프로그램을 만들려고 합니다. 눈썹, 눈, 입에 데이터 값을 각각 부여하면 아래 표와 같습니다.

| 구분 | 모양 | 데이터 값 |
|---|---|---|
| 눈썹 | | B1 |
| |  | B2 |
| | | B3 |
| 눈 | 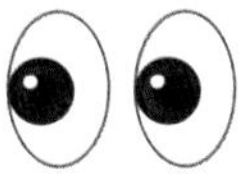 | E1 |
| |  | E2 |
| |  | E3 |
| 입 |  | M1 |
| |  | M2 |
| |  | M3 |

〈웃는 얼굴로 판단하는 기준〉

1. 눈썹 모양과 눈 모양에 상관없이 M2의 입 모양이면 항상 웃는 얼굴로 판단한다.
2. M3의 입 모양은 눈썹 모양에는 상관없이 E2의 눈 모양일 때만 웃는 얼굴로 판단한다.
3. 눈썹 모양과 눈 모양에 상관없이 M1이 입 모양이면 웃는 얼굴이 아니라고 판단한다.

〈웃는 얼굴로 판단하는 기준〉이 위와 같을 때, 웃는 얼굴을 만족하는 데이터 값의 조합은 모두 몇 가지인지 구해 보세요.

STEP 2

[수학교과역량] 창의·융합능력, 문제해결능력, 의사소통능력

오른쪽 그림은 사람의 얼굴의 특징적인 부분만을 컴퓨터가 인식하여 67개의 점으로 나타낸 것입니다. 코코는 얼굴을 인식하고 점으로 나타내는 기술을 활용하여 졸음 운전을 탐지하는 프로그램을 만들려고 합니다. 이때, 컴퓨터가 얼굴을 점으로 인식한 데이터 중 눈의 데이터를 활용하여 졸음 운전이라고 판단할 수 있는 방법을 수학적으로 설명해 보세요.

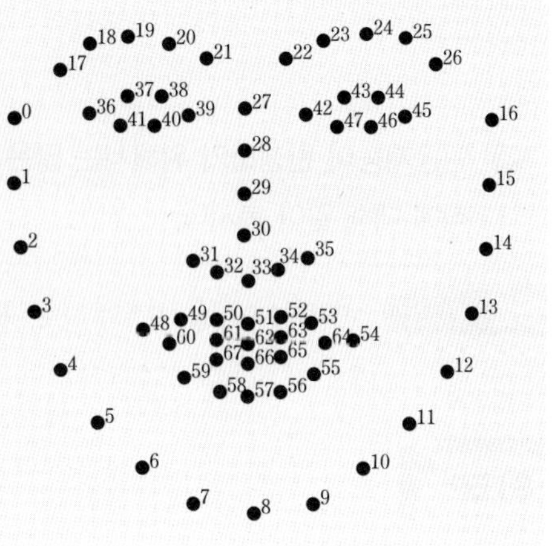

## 생각 쏙쏙 인공지능(Artificial Intelligence)과 얼굴 인식(Facial Recognition)

인공지능(Artificial Intelligence)은 요즘 각광 받고 있는 컴퓨터 과학의 한 분야로, 인간의 지능처럼 생각하고 판단할 수 있는 소프트웨어입니다. 수많은 데이터를 학습하고 훈련해야 인공지능으로 거듭납니다. 우리 주변에서 볼 수 있는 자율주행 자동차, 얼굴 인식 기술 등은 인공지능 기술이 활용된 것입니다. 그중 얼굴 인식(Facial Recognition) 기술은 우리 주변에서 가장 많이 쓰이는 인공지능 중 하나입니다. 범죄자를 찾는 것과 같은 치안 분야뿐만 아니라 스마트폰과 같은 전자기기의 보안 장치로 활용되기도 합니다. 얼굴 인식 기술이 가능한 것 역시 컴퓨터가 수많은 사람들의 얼굴 데이터를 학습하고 분석한 결과입니다.

07 데이터 표현하기

# 데이터와 시각화

정답 및 해설 29쪽

데이터 속에는 유용한 많은 정보들이 있지만 자칫 복잡하게 보일 수 있습니다. 복잡한 데이터를 시각적으로 보기 쉽게 표현하는 방법에는 데이터 시각화가 있어요.

핵심 키워드 #데이터 시각화 #워드 클라우드

### 데이터 시각화(Data Visualization)

데이터 시각화란 복잡한 데이터의 결과를 쉽게 이해하고 한눈에 볼 수 있도록 시각적으로 표현하는 것을 말합니다. 데이터 시각화는 도표, 그림 등으로 정보를 명확하고 효과적으로 전달하는 데 그 목적이 있습니다. 데이터 시각화의 대표적인 방법에는 인포그래픽(Infographic), 워드 클라우드(Word Cloud) 등이 있습니다.

## STEP 1

[수학교과역량] 의사소통능력, 정보처리능력

4 단원

워드 클라우드(Word Cloud)는 검색 결과 등에서 자주 언급된 키워드, 단어 등을 한눈에 쉽게 알아볼 수 있도록 구름과 같이 시각적으로 표현한 것입니다. 단어의 빈도수가 많을수록 크게 표시되므로 단어의 수가 셀 수 없이 많아도 자주 언급되는 단어를 쉽게 파악할 수 있다는 장점이 있습니다. 오른쪽은 코로나와 관련된 키워드를 정리하여 워드 클라우드로 나타낸 것입니다.

아래 표는 지구 온난화와 관련된 키워드와 그 빈도수를 조사하여 표로 나타낸 것일 때, 표의 결과를 워드 클라우드로 나타내어 보세요.(단, 빈도수가 많은 키워드일수록 크고 진한 글씨로 표시합니다. 이때 글씨의 색, 워드 클라우드 모양은 정답과 무관합니다.)

| 키워드 | 빈도수 | 키워드 | 빈도수 | 키워드 | 빈도수 |
|---|---|---|---|---|---|
| 재활용 | 5 | 쓰레기 | 2 | 종이 | 1 |
| 플라스틱 | 3 | 기후 | 4 | 남극 | 4 |
| 온난화 | 10 | 텀블러 | 1 | 이산화 탄소 | 8 |
| 지구 | 2 | 일회용품 | 2 | 기온 | 6 |
| 환경 | 7 | 보호 | 1 | 분리수거 | 2 |

STEP 2

[수학교과역량] 의사소통능력, 정보처리능력

다음 <보기> 중 하나의 주제를 정해 워드 클라우드로 나타내려고 합니다. 이때 키워드 및 빈도수를 나의 생각대로 자유롭게 표에 써 넣고, 이를 바탕으로 한 워드 클라우드를 만들어 보세요.(단, 빈도수가 많은 키워드일수록 크고 진한 글씨로 표시합니다. 이때 글씨의 색, 워드 클라우드 모양은 자유롭게 선택합니다.)

보기

여름 겨울 날씨 노래 영화
드라마 K−POP 요리 에너지
전기차 인공지능 게임 환경

제목:
(예시) 여름을 주제로 한 워드 클라우드

| 키워드 | 빈도수 | 키워드 | 빈도수 | 키워드 | 빈도수 |
|---|---|---|---|---|---|
| | | | | | |
| | | | | | |
| | | | | | |
| | | | | | |
| | | | | | |
| | | | | | |

4 단원

# 08 데이터와 분석

데이터 분석하기

정답 및 해설 30쪽

데이터를 수집하고 정리하는 능력뿐만 아니라 분석하는 능력 또한 매우 중요해요. 다양한 데이터 속에서 의미있는 분석을 할 수 있는 방법에는 무엇이 있을까요?

핵심 키워드 #빅데이터 #분석 #데이터

## STEP 1

[수학교과역량] 창의·융합능력, 문제해결능력, 정보처리능력

시대 과자회사는 새로운 과자를 출시하기 전 컴퓨터 소프트웨어를 이용하여 투표를 진행했습니다. 다음은 투표 소프트웨어에 대한 설명입니다.

❶ 한 사람당 1~3개의 서로 다른 과자에 투표할 수 있습니다.
❷ ❶에서 선택한 과자의 순위를 매길 수 있습니다.
(예 1개 선택 → 1순위, 2개 선택 → 1, 2순위, 3개 선택 → 1, 2, 3순위)
❸ 1순위는 5점, 2순위는 3점, 3순위는 1점으로 데이터가 저장됩니다.
❹ 〈결과 보기〉 버튼을 클릭하면 점수가 가장 높은 과자가 나타납니다.

총 10명이 투표에 참여했으며 그 결과가 다음과 같을 때, 어떤 과자가 가장 높은 점수를 받았는지 구해 보세요.

(단위: 명)

| 구분 | 1순위 | 2순위 | 3순위 |
|---|---|---|---|
| A 과자 | 4 | 1 | 4 |
| B 과자 | 3 | 4 | 2 |
| C 과자 | 3 | 4 | 1 |

## STEP 2

[수학교과역량] 창의·융합능력, 문제해결능력

STEP 1의 투표 결과 근소한 차이로 과자가 선택이 되자, 투표를 다시 진행하자는 의견이 나왔습니다. STEP 1에서 1, 2위로 선택된 과자를 각각 D 과자와 E 과자로 이름을 바꾸고 STEP 1과 동일한 컴퓨터 소프트웨어를 이용하여 투표를 진행했습니다. 이때 총 10명이 한 사람당 1개 또는 2개의 서로 다른 과자에 투표할 수 있으며, 1순위는 5점, 2순위는 3점으로 데이터가 저장됩니다. 그 결과는 다음 표와 같습니다.

| 구분 | 1순위 | 2순위 | 합계 |
|---|---|---|---|
| D 과자 | ? 명 | ? 명 | 39점 |
| E 과자 | ? 명 | ? 명 | 35점 |

D 과자와 E 과자에 1순위, 2순위로 투표한 사람수를 각각 구해 보세요.

4 단원

| 구분 | 1순위 | 2순위 | 합계 |
|---|---|---|---|
| D 과자 | 명 | 명 | 39점 |
| E 과자 | 명 | 명 | 35점 |

## 도전! 코딩 ML4K(Machine Learning for Kids) 스마트 홈

(이미지 출처: 머신러닝 포 키즈(https://machinelearningforkids.co.uk))

머신러닝 포 키즈(ML4K)는 어린이들도 쉽게 인공지능 프로그램을 만들 수 있는 사이트입니다. 이미지, 텍스트, 음성, 숫자 인식의 성능이 뛰어난 IBM 왓슨 인공지능의 자료를 활용하여 누구나 쉽고 재미있게 만들 수 있습니다.

인공지능이란, 사람처럼 스스로 생각하고 판단하게 되는 컴퓨터 프로그램을 말합니다. 원래 컴퓨터는 사람이 입력하는 명령에 따라서만 일을 수행했는데, 인공지능의 발달로 이제 컴퓨터도 사람처럼 스스로 판단할 수 있게 된 것입니다.
여러분, 혹시 2016년에 열린 알파고(AlphaGo)와 이세돌의 바둑 대결을 알고 있나요? 수많은 바둑 기보를 학습한 알파고는 스스로 바둑의 다음 수를 생각하여 이세돌과의 대결에서 승리했습니다. 이처럼 인공지능은 엄청난 데이터를 학습하여 인간의 능력을 뛰어넘기도 합니다.

그렇다면 인공지능의 비밀은 어디에 있을까요? 그것은 바로 '학습'입니다. 우리가 고양이와 강아지를 알게 된 것은 고양이와 강아지의 다양한 모습을 접했기 때문입니다. 이처럼 고양이와 강아지를 구분하는 인공지능은 수많은 고양이, 강아지 데이터를 학습했기 때문에 가능한 것입니다. 이렇게 인공지능이 다양한 데이터를 학습하는 것을 '머신러닝'이라고 합니다.

머신러닝 포 키즈는 머신러닝을 아주 쉽게 할 수 있어서 누구나 인공지능을 만들 수 있습니다. 또한, 만든 인공지능을 활용하여 스크래치 프로그램에서 코딩도 할 수 있습니다. 머신러닝 포 키즈는 텍스트, 이미지, 음성 등을 학습시켜 인공지능을 만들 수 있는데, 가입을 한다면 더욱 다양한 프로젝트를 만들 수 있습니다.

[시작해 봅시다] 버튼을 눌러 코딩을 시작해 보겠습니다.

▲ 머신러닝 포 키즈

### WHAT?

➔ 명령어로 간편하게 선풍기와 램프를 켜고 끌 수 있는 스마트 홈을 만듭니다.

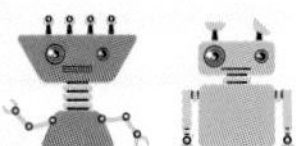

# HOW?

➔ 휴대폰 화면에서는 모든 화면이 들어오지 않을 수 있으므로 정상 실행을 위해서는 탭이나 컴퓨터를 이용하세요.(단, 인터넷 익스플로러와 iOS는 지원하지 않습니다.)

➔ 데스크톱 컴퓨터를 이용할 때에는 웹캠을 연결해 주세요.

1. [지금 실행해보기] 버튼을 누른 후, [+프로젝트 추가] 버튼을 눌러 새로운 프로젝트를 시작합니다.
2. 프로젝트의 이름은 영어로 'Smart home', 인식 방법은 '텍스트'를 선택합니다. 이때, 프로젝트의 이름은 꼭 영어로 작성합니다.

3. 생성된 프로젝트를 클릭합니다. 클릭하면 '훈련', '학습 & 평가', '만들기'가 나타납니다.

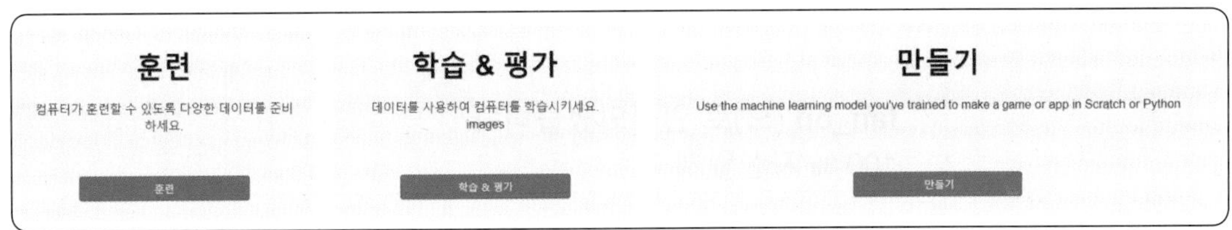


4. [훈련]을 클릭한 후, [+새로운 레이블 추가] 버튼을 눌러 명령어를 입력합니다. 이때에도 영어로 입력해야 하며, 선풍기를 켜고 끄는 것, 램프를 켜고 끄는 것을 의미하는 'fan on', 'fan off', 'lamp on', 'lamp off' 총 네 가지를 입력해 보겠습니다.
5. 다음과 같이 네 칸으로 나뉘어지며, 각 명령어를 학습시키기 위해 선풍기를 켜고 끄기 위한 명령어와 램프를 켜고 끄기 위한 명령어를 넣습니다.(단, 명령어는 6개 이상 넣어 주어야 다음 단계 실행이 가능합니다.)

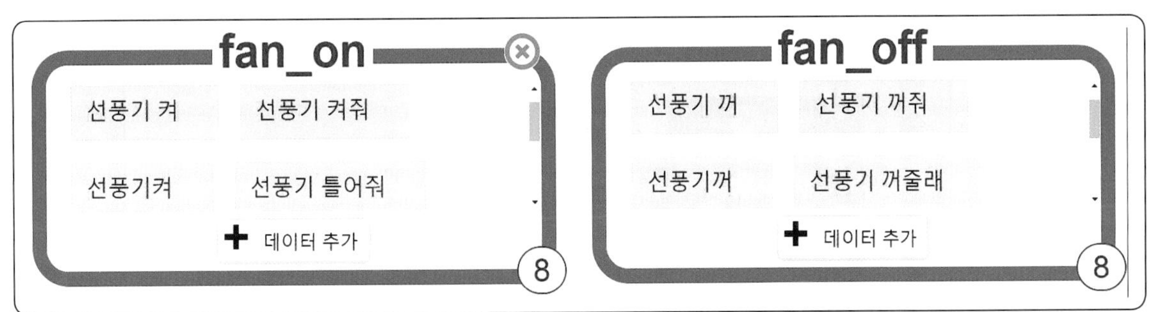


4
단원

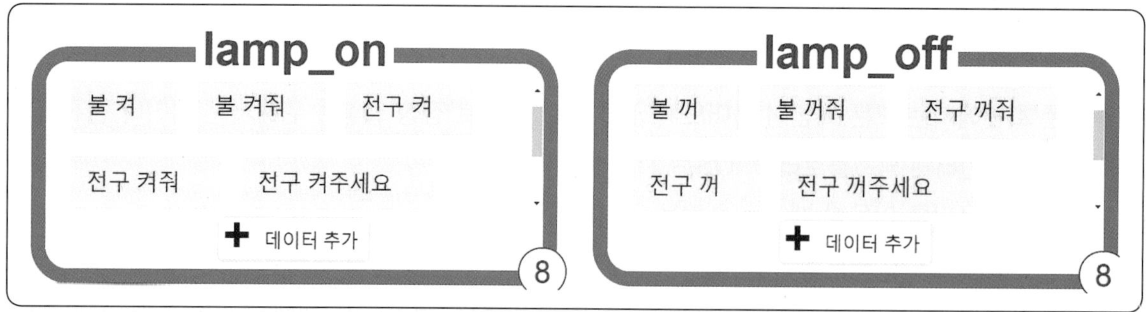


6. [프로젝트로 돌아가기]를 클릭한 후 [학습 & 평가]를 클릭하고, [새로운 머신 러닝 모델을 훈련시켜 보세요.] 버튼을 눌러 각 명령어를 학습시켜 봅니다.
7. 잠시 기다린 후, 학습이 완료되면 인공지능이 명령어를 잘 인식하는지 확인해 봅니다.

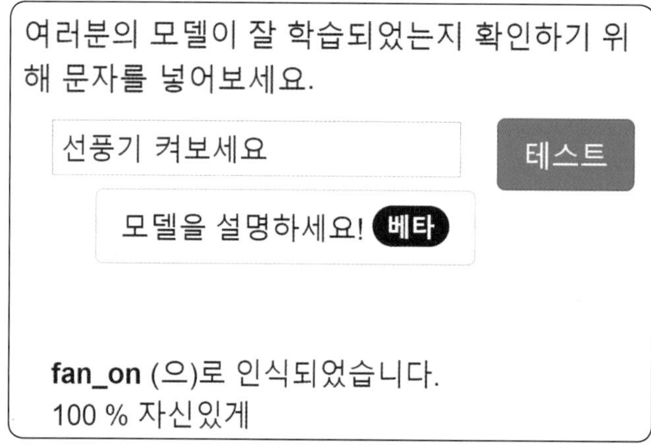


8. 다시 [프로젝트로 돌아가기]를 클릭한 후 [만들기]를 클릭합니다. 그리고 '스크래치 3'을 선택합니다.
9. '스크래치 3'을 열면 다음과 같은 화면이 나타납니다. 여기서 왼쪽 상단의 [프로젝트 템플릿] 버튼을 누릅니다. 그럼 다양한 템플릿들이 나타납니다.

10. 그중 <스마트 교실>을 선택하면 다음과 같이 기본 틀과 일부 코딩된 블록이 나타납니다.

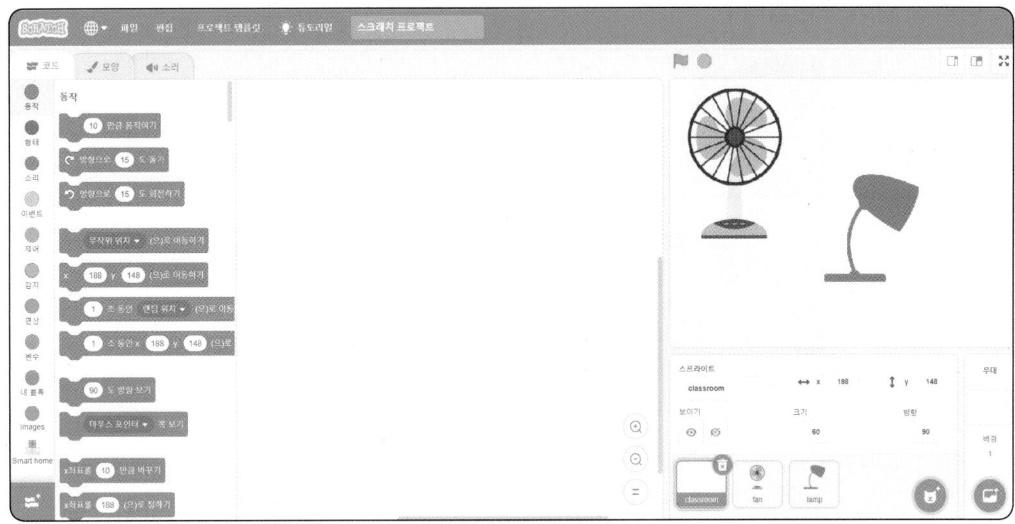

※ 선풍기의 경우, 다음과 같은 블록이 기본적으로 작성되어 있습니다.

4
단원

※ 램프의 경우, 다음과 같은 블록이 기본적으로 작성되어 있습니다.

11. 오른쪽 아래의 [classroom] 스프라이트를 클릭하고, 코딩을 시작합니다. [무한 반복하기] 블록 안에 '명령을 입력해 주세요'를 입력합니다.

클릭했을 때
무한 반복하기
명령을 입력해주세요. 라고 묻고 기다리기

12. 다음으로, [만약 ~라면] 블록을 넣고, 대답을 'fan on'으로 인식하면 'fan on'이라는 신호를 보내도록 다음과 같이 코딩합니다.

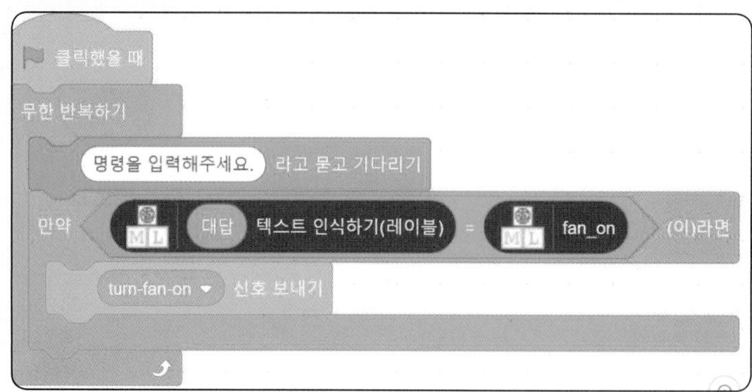


13. 마찬가지 방법으로 선풍기를 끌 때, 전구를 켜고 끌 때 모두 동일하게 다음과 같이 코딩합니다.

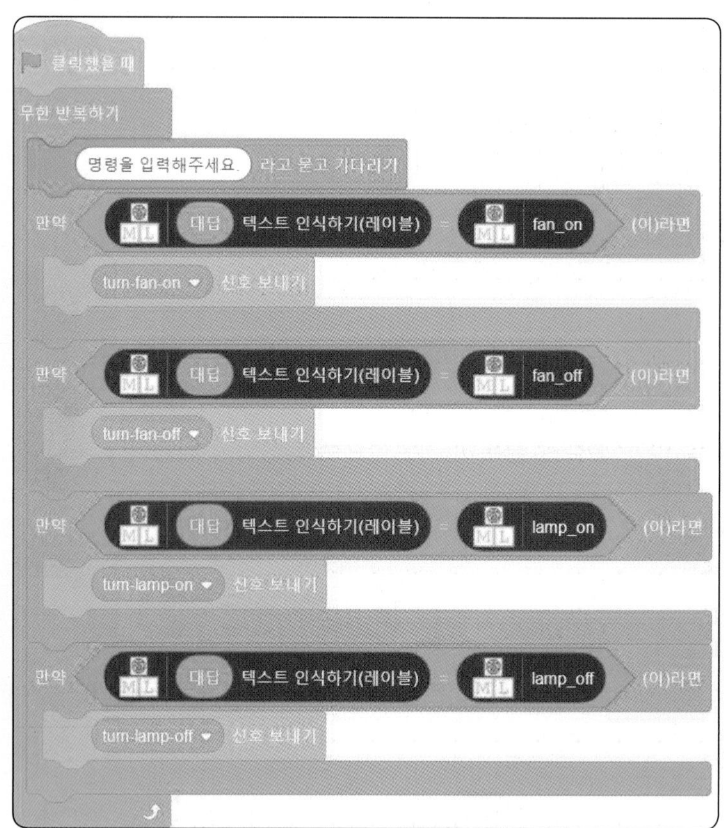

14. 명령어를 입력해서 선풍기와 램프가 잘 작동하는지 확인해 봅니다.
(예 선풍기 켜, 선풍기 꺼, 전구 켜, 전구 꺼 등)

## DO IT!

➔ 사이트에 직접 접속하여 코딩을 해 봅시다. 코딩 후에는 꼭 실행해 보세요.

▲ 직접 코딩 해 보기

4
단원

# 정리 시간

정답 및 해설 30쪽

〈4단원-나는야 데이터 탐정〉을 학습하며 배운 개념들을 정리해 보는 시간입니다.

**1** 용어에 알맞은 설명을 선으로 연결해 보세요.

|  |  |
|---|---|
| 패리티 비트 • | • 오류를 검출할 뿐만 아니라, 오류의 위치를 발견하고 수정할 수 있는 것으로, 데이터의 1, 2, 4, 8, 16, 32, …번째 자리에 패리티 비트를 넣는 방법 |
| 병렬 패리티 • | • 데이터를 전송하는 과정에서 오류가 생겼는지를 확인하기 위해 데이터 마지막에 추가되는 비트 |
| 해밍코드 • | • 검색 결과 등에서 자주 언급된 키워드, 단어 등을 한눈에 쉽게 알아볼 수 있도록 구름과 같이 시각적으로 표현한 것 |
| 데이터 시각화 • | • 패리티 비트를 가로와 세로 2차원으로 배열한 것 |
| 워드 클라우드 • | • 복잡한 데이터의 결과를 쉽게 이해하고 한눈에 볼 수 있도록 시각적으로 표현하는 것 |

**2** 코코가 가로 행과 세로 열에 있는 흰색 카드와 검은색 카드가 각각 모두 짝수 장이 되도록 $8 \times 8$ 모양으로 카드를 배열했습니다. 잠시 후 코코가 자리를 비운 사이, 퐁퐁이가 와서 카드 1장을 뒤집고 갔습니다. 퐁퐁이가 뒤집은 카드는 무엇인지 찾아 동그라미 표시를 하고, 그 이유를 서술해 보세요.

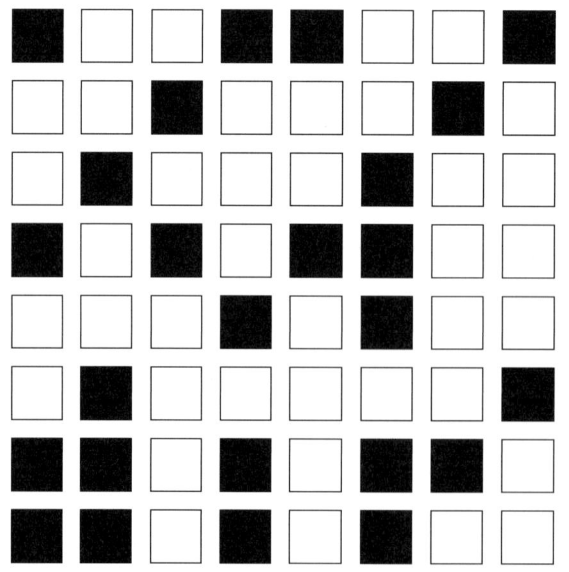

## 쉬는 시간 언플러그드 코딩놀이 내 마음을 읽는 카드

| 인원 | 2인 이상 | 소요시간 | 5분 |
| --- | --- | --- | --- |
| 준비물 | 1부터 31까지의 수 중 16개의 수가 적힌 5장의 카드 (A, B, C, D, E) | | |

**방법**

A

| 1 | 3 | 5 | 7 |
| --- | --- | --- | --- |
| 9 | 11 | 13 | 15 |
| 17 | 19 | 21 | 23 |
| 25 | 27 | 29 | 31 |

B

| 2 | 3 | 6 | 7 |
| --- | --- | --- | --- |
| 10 | 11 | 14 | 15 |
| 18 | 19 | 22 | 23 |
| 26 | 27 | 30 | 31 |

C

| 4 | 5 | 6 | 7 |
| --- | --- | --- | --- |
| 12 | 13 | 14 | 15 |
| 20 | 21 | 22 | 23 |
| 28 | 29 | 30 | 31 |

D

| 8 | 9 | 10 | 11 |
| --- | --- | --- | --- |
| 12 | 13 | 14 | 15 |
| 24 | 25 | 26 | 27 |
| 28 | 29 | 30 | 31 |

E

| 16 | 17 | 18 | 19 |
| --- | --- | --- | --- |
| 20 | 21 | 22 | 23 |
| 24 | 25 | 26 | 27 |
| 28 | 29 | 30 | 31 |

❶ 1부터 31까지의 수 중에서 하나의 수를 생각합니다.

❷ A, B, C, D, E의 카드 중에서 선택한 수가 포함되어 있는 카드를 모두 고릅니다.

❸ 선택한 카드들의 첫 번째 칸의 수를 모두 더합니다.

❹ 처음 생각한 수와 ❸의 결과를 비교합니다.

4 단원

A

| 1 | 3 | 5 | 7 |
| --- | --- | --- | --- |
| 9 | 11 | 13 | 15 |
| 17 | 19 | 21 | 23 |
| 25 | 27 | 29 | 31 |

B

| 2 | 3 | 6 | 7 |
| --- | --- | --- | --- |
| 10 | 11 | 14 | 15 |
| 18 | 19 | 22 | 23 |
| 26 | 27 | 30 | 31 |

C

| 4 | 5 | 6 | 7 |
| --- | --- | --- | --- |
| 12 | 13 | 14 | 15 |
| 20 | 21 | 22 | 23 |
| 28 | 29 | 30 | 31 |

D

| 8 | 9 | 10 | 11 |
| --- | --- | --- | --- |
| 12 | 13 | 14 | 15 |
| 24 | 25 | 26 | 27 |
| 28 | 29 | 30 | 31 |

E

| 16 | 17 | 18 | 19 |
| --- | --- | --- | --- |
| 20 | 21 | 22 | 23 |
| 24 | 25 | 26 | 27 |
| 28 | 29 | 30 | 31 |

예를 들어, 처음 21을 생각했다면 A, B, C, D, E의 카드 중에서 21이 포함되어 있는 A, C, E를 선택합니다. A, C, E 카드의 첫 번째 칸의 수는 각각 1, 4, 16이므로 모두 더하면 $1+4+16=21$이 됩니다.

**Q** 카드의 비밀은 어디에 있을까요?

한 발자국 더

데이터의 힘 **스포츠와 빅데이터**

5

# 네트워크를 지켜줘

| 학습내용 | 공부한 날 | 개념 이해 | 문제 이해 | 복습한 날 |
|---|---|---|---|---|
| 1. 네트워크와 노선도 | 월 일 | | | 월 일 |
| 2. 네트워크와 라우팅 | 월 일 | | | 월 일 |
| 3. 네트워크와 해시함수 | 월 일 | | | 월 일 |
| 4. 블록체인과 보안 | 월 일 | | | 월 일 |
| 5. 네트워크와 백신 | 월 일 | | | 월 일 |
| 6. 네트워크와 암호화 | 월 일 | | | 월 일 |
| 7. 네트워크와 복호화 | 월 일 | | | 월 일 |
| 8. 개인정보와 보안 | 월 일 | | | 월 일 |

네트워크의 세계

# 01 네트워크와 노선도

≫ 정답 및 해설 31쪽

네트워크는 컴퓨터 사이에 데이터를 주고받을 수 있도록 컴퓨터들을 연결하는 통신망을 의미해요. 도로 위의 버스를 떠올려 보세요. 각기 다른 번호의 버스 노선은 촘촘히 도시의 각 부분을 연결하고 있어요.

핵심 키워드 #네트워크 #버스 노선도

## STEP 1

[수학교과역량] 창의·융합능력, 문제해결능력

퐁퐁이가 사는 마을은 총 10개의 구역으로 나뉘어져 있습니다. 이 마을에서 운행하는 버스는 다음과 같은 일정한 [규칙]이 있습니다.

**규칙**

- 버스는 인접한 구역을 통과하여 이동합니다.
- 버스 노선은 4개 이하 구역을 지나갑니다.
- 버스 번호에는 버스가 지나가는 구역을 나타내는 방법이 숨어 있습니다.
- 572번 버스는 5구역에서 출발하여 0, 1구역을 지나 7구역에 도착합니다.
- 579번 버스는 5구역에서 출발하여 6, 1구역을 지나 7구역에 도착합니다.
- 725번 버스는 7구역에서 출발하여 8구역을 지나 2구역에 도착합니다.
- 968번 버스는 9구역에서 출발하여 4, 5구역을 지나 6구역에 도착합니다.

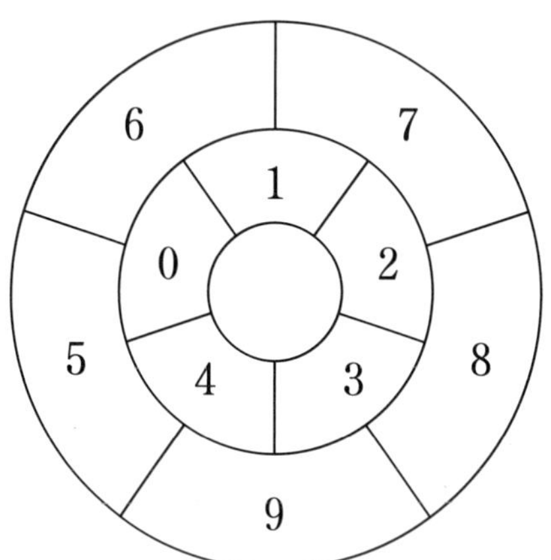


다음 구역 중 681번 버스 노선으로 가능한 것을 골라 보세요.

① 1, 2, 6구역 ② 6, 7, 8구역

③ 1, 6, 8구역 ④ 2, 6, 7, 8구역

( )

## STEP 2

[수학교과역량] 창의·융합능력, 문제해결능력

코코가 사는 마을은 총 10개의 구역으로 나뉘어져 있습니다. 이 마을을 지나는 버스에는 다음과 같은 [규칙]이 있습니다.

**규칙**

- 버스는 인접한 구역을 통과하여 이동하고, 버스 노선은 3개 구역을 지나갑니다.
- 버스 번호에는 버스가 지나가는 구역을 나타내는 방법이 숨어 있습니다.
- 572번 버스는 5구역에서 출발하여 6구역을 지나 7구역에 도착합니다.
- 968번 버스는 9구역에서 출발하여 5구역을 지나 6구역에 도착합니다.
- 348번 버스는 3구역에서 출발하여 9구역을 지나 4구역에 도착합니다.

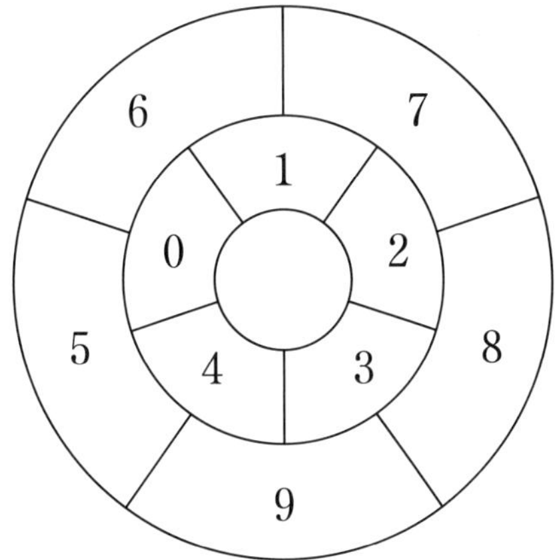


현재 코코가 사는 마을에는 567번, 781번, 896번, 235번 버스가 운행 중입니다. 아직 이 마을에는 버스 노선에 포함되지 않은 구역이 있습니다. 모든 구역에 버스가 지나갈 수 있도록 새로운 버스 노선 1개를 추가하려고 합니다. 이 버스 번호에 반드시 들어가야 하는 숫자 2개를 적어 보세요.

### 프로토콜(Protocol)

버스 번호 속에 규칙이 숨어 있듯이 네트워크 간의 통신에도 규칙이 있습니다. 우리는 이것을 프로토콜이라고 합니다. 프로토콜은 통신 시스템끼리 데이터를 주고받는 과정에서 사용하는 약속입니다. 프로토콜을 통해 에러가 발생한 것을 알아내고, 수정할 수 있습니다. 또한, 메시지를 보내는 사람과 받는 사람 간의 시점을 동기화시키는 데도 프로토콜이 사용됩니다. 그리고 쌍방향 정보 흐름의 속도도 프로토콜이 있어 조절됩니다.

02 네트워크의 세계

# 네트워크와 라우팅

≫ 정답 및 해설 32쪽

네트워크는 다른 네트워크와 촘촘히 연결되어 있으며, 자유롭게 데이터를 주고받을 수 있습니다. 그 사이에서 네트워크와 네트워크를 연결해 주는 역할을 하는 라우터에 대해 알아 볼까요?

**핵심 키워드** #네트워크 #라우터 #라우팅 #논리

## STEP 1

[수학교과역량] 추론능력, 문제해결능력

라우터들은 네트워크들을 연결해 주는 장치로, 네트워크－라우터－네트워크－…와 같은 순서로 배치됩니다. 이때 라우터와 네트워크들 사이에는 일정한 거리가 존재합니다. 예를 들어 아래와 같이 네트워크와 라우터가 연결되어 있을 때, 네트워크 1과 라우터 1 사이의 최단 거리가 1이라면 네트워크 1과 네트워크 2 사이의 최단 거리는 2입니다.

네트워크 1 — 라우터 1 — 네트워크 2

네트워크와 라우터의 연결 관계에 대한 다음의 대화를 읽고, 아래 그림에서 1~3번 네트워크와 A~D 라우터의 위치를 정해 보세요.(단, 라우터끼리는 연결될 수 있습니다.)

기진: 1번 네트워크는 B 라우터와 바로 연결되어 있어.
영훈: 2번 네트워크와 최단 거리로 위치한 라우터는 1개뿐이야.
서현: A 라우터와 B 라우터 사이에는 3번 네트워크 1개만 존재해.
보람: D 라우터는 2번 네트워크보다 1번 네트워크와 전송 거리가 더 가까워.
혜진: C 라우터는 A 라우터와 2번 네트워크와 최단 거리로 연결되어 있어.

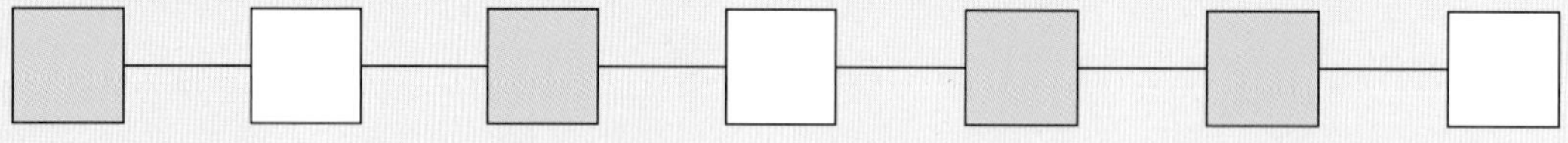

(■: 라우터, □: 네트워크)

## 라우터(Router)와 라우팅(Routing)

라우터(Router)란 여러 네트워크를 연결해 주는 장치입니다. 인터넷상에서 패킷(메시지)의 위치를 확인하고, 이를 목적지로 보낼 최상의 경로를 골라 전송시켜 줍니다. 이러한 과정을 라우팅(Routing)이라고 합니다. 라우팅은 통신망, 교통망 등 다양한 네트워크에서 사용됩니다.

## STEP 2

[수학교과역량] 추론능력, 문제해결능력

라우터와 네트워크 사이의 거리 관계는 **STEP 1**과 같습니다. 가~다 라우터와 A~F 네트워크 사이의 연결 관계에 대한 다음의 대화를 읽고, 아래 그림에서 네트워크와 라우터의 위치를 정해 보세요.

나영: 가 라우터는 A 네트워크와 연결되어 있어.
민혁: A 네트워크와 D 네트워크는 나 라우터를 기준으로 같은 거리에 있어.
영은: 동일한 라우터가 B 네트워크와 D 네트워크에게 메시지를 최종으로 전달해.
은수: 다 라우터에 전원 공급이 안 되면 C 네트워크와 F 네트워크는 A 네트워크와 메시지를 주고 받을 수 없어.

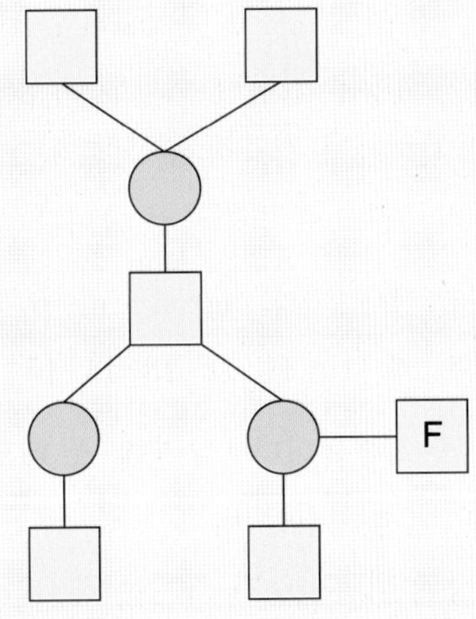


(□: 네트워크, ○: 라우터)

보안의 세계

# 03 네트워크와 해시함수

정답 및 해설 33쪽

네트워크를 보호하기 위해 다양한 보안 방법들이 등장하고 있습니다. 내가 입력한 비밀번호와 네트워크 서버가 기억하는 비밀번호 형식이 서로 다르다면 좀 더 안전하게 비밀번호를 보호할 수 있어요.

#네트워크 #블록체인 #보안 #해시함수 #넌스

생각 쑥쑥

## 해시함수

해시함수란 컴퓨터 암호화 기술의 한 종류로, 임의의 길이를 갖는 메시지를 입력하면 고정된 길이의 해시값을 출력해 주는 함수입니다.

## STEP 1

[수학교과역량] 추론능력

A 네트워크는 해시함수를 이용하여 비밀번호를 해시값으로 변환시켜 줍니다. 그리고 네트워크는 비밀번호가 아닌 이름과 해시값을 기억하고 있다가 로그인 과정에서 사용자의 비밀번호가 가지는 해시값과 입력되어 있는 해시값이 일치하는지 검증한 뒤 네트워크로 입장을 시켜줍니다. 해시함수는 아래의 표를 이용하여 비밀번호를 해시값으로 변환시켜 줍니다.

| a | b | c | d | e | f | g | h | i | j | k | l | m | n | o | p | q | r | s | t | u | v | w | x | y | z |
|---|---|---|---|---|---|---|---|---|---|---|---|---|---|---|---|---|---|---|---|---|---|---|---|---|---|
| 0 | 1 | 2 | 3 | 4 | 5 | 6 | 7 | 8 | 9 | 10 | 11 | 12 | 13 | 14 | 15 | 16 | 17 | 18 | 19 | 20 | 21 | 22 | 23 | 24 | 25 |

코코가 비밀번호 87whalexy를 입력했습니다. 그런데 A 네트워크는 비밀번호가 가지는 해시값과 코코가 입력한 비밀번호가 만들어낸 해시값을 비교한 후, 코코의 입장을 거절했습니다. 잘못 입력한 비밀번호가 만드는 해시값과 설정된 비밀번호가 가지는 해시값을 각각 구해 보세요.

| 이름 | 설정된 비밀번호 | 변환 | 해시값 |
|---|---|---|---|
| 나연 | grape42 | | 48 |
| 진혁 | y1234goodzz | | 21 |
| 수혁 | what4is8 | 해시함수 → | 86 |
| 퐁퐁 | zforz96 | | 01 |
| 코코 | 87whalexyz | | ? |

## 블록체인(Block Chain)

블록체인(Block Chain)은 데이터가 담긴 블록들을 체인의 형태로 엮어 여러 컴퓨터에 복제하여 저장하는 데이터 저장 기술을 말합니다. 여러 컴퓨터에 담겨 있는 데이터들은 서로를 교차 검증하며 데이터의 위조 또는 변조를 막는 보안체제를 가지고 있습니다. 데이터의 참 · 거짓을 파악할 때 데이터 속 해시(hash)를 검증합니다. SHA256 해시함수에서 해시값은 256비트로 나타납니다. 이는 2의 256제곱(2를 256번 곱한 수)만큼의 경우의 수를 가지기 때문에 안전하다고 여겨집니다. 이 해시값을 보다 안전하게 보관하기 위해 무작위 값인 넌스(Nounce)를 추가하기도 합니다. 무작위로 추가되는 넌스를 찾는 것은 수수께끼 문제를 푸는 것과 같습니다. 넌스를 찾는 과정을 우리는 블록체인을 채굴한다고 합니다.

5 단원

## STEP 2

[수학교과역량] 추론능력, 창의·융합능력

A 네트워크는 **STEP 1**의 해시함수를 사용하여 비밀번호를 보호하고 있었습니다. 그런데 이 해시함수가 해킹을 당하는 사건이 벌어진 후, 주어진 해시함수에 규칙을 추가하여 해시값을 네 자리 수로 만들어 보안을 강화하기로 했습니다.

| 이름 | 설정된 비밀번호 | 변환 | 해시값 |
|---|---|---|---|
| 이충주 | loojhere | 해시함수 → | 36◇◇ |
| 엄기준 | zzzz7789 | | 13◇◇ |
| 진달래 | sbfe897 | | 23◇◇ |

충주, 기준, 달래의 네 자리 수 해시값의 시작하는 앞의 두 자리 수가 각각 36, 13, 23이라고 할 때, 해시함수에 추가된 규칙은 무엇인지 구해 보세요.(단, ◇에는 0부터 9까지 모든 숫자가 들어갈 수 있습니다.)

04 보안의 세계

# 블록체인과 보안

정답 및 해설 34쪽

블록체인의 세계에서는 네트워크에 연결된 사람들끼리 서로의 암호를 함께 검증해 줘요. 암호를 식별하는 키가 다른 사람의 데이터에 저장되어 있기 때문이지요.

핵심 키워드 #네트워크 #블록체인 #해시값 #보안 #교차검증

## STEP 1

[수학교과역량] 추론능력

다음은 전기도구 상점 컴퓨터에 기록된 1코인이 거래를 통해 이동한 모습입니다.

| 박스 업체 → 전기도구 상점 | |
|---|---|
| 거래 내역 | 1코인을 지불하여 배터리 1상자를 주문함 |
| 이전 블록 해시값 | 6436f58d57d4d3314651a745b66911f3 |
| 현재 해시값 | 3d6f37d0906a4f0d7078810c43ba22c1 |

→

| 전기도구 상점 → 퐁퐁이 | |
|---|---|
| 거래 내역 | 1코인을 심부름 값으로 퐁퐁이에게 지급함 |
| 이전 블록 해시값 | 3d6f37d0906a4f0d7078810c43ba22c1 |
| 현재 해시값 | e3901229db8939fd4f8a5f898d906620 |

다음은 피자 가게 컴퓨터에 기록된 1코인이 거래를 통해 이동한 모습입니다.

| 코코 → 피자 가게 | |
|---|---|
| 거래 내역 | 1코인을 지불하여 피자를 주문함 |
| 이전 블록 해시값 | |
| 현재 해시값 | e12dc2c97d73816938e4fa6ed40de57b |

→

| 피자 가게 → 박스 업체 | |
|---|---|
| 거래 내역 | 1코인을 지불하여 박스 50개를 주문함 |
| 이전 블록 해시값 | e12dc2c97d73816938e4fa6ed40de57b |
| 현재 해시값 | 077303477d4a4a47c7e411bf0e06cf9f |

다음은 퐁퐁이의 컴퓨터에 기록된 1코인이 거래를 통해 이동한 모습입니다.

| 전기도구 상점 → 퐁퐁이 | |
|---|---|
| 거래 내역 | 1코인을 심부름 값으로 퐁퐁이에게 지급함 |
| 이전 블록 해시값 | 3d6f37d0906a4f0d7078810c43ba22c1 |
| 현재 해시값 | e3901229db8939fd4f8a5f898d906620 |

→

| 퐁퐁이 → 문방구 | |
|---|---|
| 거래 내역 | 1코인을 지불하여 새 공책을 구매함 |
| 이전 블록 해시값 | e3901229db8939fd4f8a5f898d906620 |
| 현재 해시값 | fa8b7ab489bc1f4e42bc9154827b5ad4 |

거래 과정에서 사용된 1코인은 모두 동일한 1코인입니다. 위의 주문 과정에서 거래 내역이 한 번 조작되었다고 할 때, 조작된 시점을 골라 보세요.(단, 조작은 현재 해시값에서 일어납니다.)

① 전기도구 상점 → 퐁퐁이　　② 피자 가게 → 박스 업체

③ 코코 → 피자 가게　　④ 박스 업체 → 전기도구 상점

5 단원

### 무결성 검사(Integrity Check)

무결성 검사(Integrity Check)란 해시 알고리즘으로 보안 패킷의 무결성 여부를 식별하는 검사를 말합니다. 네트워크 보안에서 무결성은 정상적으로 허가를 받은 사람이 정보에 접근 및 수정을 가했다는 것을 보장하는 것입니다. 인터넷 네트워크를 통해 오고가는 정보들은 해시 알고리즘과 암호 알고리즘을 조합한 알고리즘으로 위조 또는 변조 여부가 검사되고 있습니다.

STEP 2

[수학교과역량] 추론능력, 문제해결능력, 창의·융합능력

다음은 1코인이 이동하며 여러 시스템에 내역을 저장하는 모습을 표현한 관계도입니다. 정보가 이동될 때마다 보안상의 이유로 기록은 원래의 기록과 변형된 기록으로 분산되어 저장됩니다. 같은 색의 선은 한 회기의 정보 이동을 나타낸 것입니다. 1회기 정보 이동 후에 저장된 원래의 기록과 변형된 기록의 합은 2개이며, 2회기 정보 이동 후 저장된 원래의 기록과 변경된 기록의 합은 3개입니다. 9회기 정보 이동 후, 저장된 원래의 기록과 변형된 기록의 합은 몇 개인지 구해 보세요.(단, V는 원래의 기록, O는 변형된 기록을 나타냅니다.)

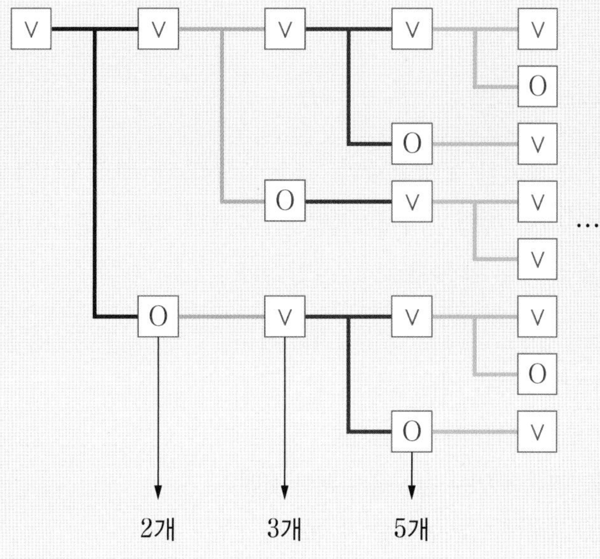


5 단원

05 보안의 세계

# 네트워크와 백신

정답 및 해설 35쪽

사람의 몸을 아프게 하는 바이러스만 있는 것이 아닙니다. 컴퓨터를 아프게 하는 바이러스도 있어요. 네트워크 사이를 오가며 컴퓨터를 병들게 하는 바이러스를 찾아내서 컴퓨터를 건강하게 만들어 주는 프로그램을 백신 프로그램이라고 해요.

핵심 키워드 #네트워크 #바이러스 #백신 프로그램

## STEP 1

[수학교과역량] 추론능력

코코는 퐁퐁이에게 4통의 메시지를 보냈습니다. 퐁퐁이의 휴대 전화 속 백신 프로그램은 아래와 같은 방식으로 메시지의 바이러스 감염 여부를 파악합니다.(단, 영어 문자, 숫자, 문장 부호, 기호, 빈칸은 1바이트(Byte), 한글 문자는 2바이트(Byte)입니다.)

| 감염 여부 파악 | 메시지 | 감염 결과 |
|---|---|---|
| 감염 여부 파악을 위한 약속된 용량 **6바이트(Byte)** | 너 오늘 머해? 나랑 놀자! | 감염되지 않음 |
| | 너 오늘 머해?? 나랑 놀자!! | 감염됨 |
| | a23 블록에 있는 간식을 가져다 줘!!!! | 감염되지 않음 |
| | a23 블록에 있는 간식을 가져다 줘. | 감염됨 |

퐁퐁이의 휴대 전화 속 백신 프로그램은 4통의 메시지 중에서 1통의 메시지가 바이러스에 감염되었다는 것을 발견했습니다. 다음의 메시지 중 바이러스에 감염되지 않은 메시지를 찾아 보세요.(단, 감염 여부 파악을 위한 약속된 용량은 5바이트(Byte)입니다.)

① 나 코코인데 방금 전 지갑을 잃어버렸어.

② 나한테 30만 원만 보내줄 수 있어?

③ 계좌번호를 보낼게. asap−36−217−222야.

④ 지갑에 5만 원이 있었는데 너무 슬퍼!

## STEP 2

[수학교과역량] 추론능력, 문제해결능력

퐁퐁이의 휴대 전화 속 백신 프로그램이 바이러스에 감염된 부분을 제거하고 메시지를 원래 상태로 복귀시키려 할 때, 아래와 같은 방식으로 바이러스에 감염된 메시지에서 바이러스를 제거합니다.

| 감염 여부 파악 | 메시지 | 감염 결과 |
|---|---|---|
| 4바이트(Byte) | 우리 집으로 오는 길을 알고 싶으면 이 주소를 열어봐!! 123－267－89 (++) | ○ |
| | 우리 집으로 오는 길을 알고 싶으면 이 주소를 열어봐!! 123－267－89 (+++) | × |

(단, 영어 문자, 숫자, 문장 부호, 기호, 빈칸은 1바이트(Byte), 한글 문자는 2바이트(Byte)입니다.)
코코가 퐁퐁이에게 보낸 메시지가 다음과 같을 때, 퐁퐁이의 휴대 전화 속 백신 프로그램이 메시지의 바이러스를 제거하는 방법을 바르게 말한 사람을 찾아 보세요.(단, 감염 여부 파악을 위해 약속된 용량은 7바이트(Byte)이고, 바이러스를 제거할 때 메시지의 의미가 바뀌어서는 안 됩니다.)

> 어제 보낸 lina의 이메일의 2번째 첨부파일을 열면 안 돼! (++++)

① 희철: ＋를 3개 삭제하면 돼.
② 아영: '이메일의'이라는 단어를 삭제해.
③ 기복: 괄호 안에 ＋를 2개 더 덧붙이면 돼.
④ 우주: '첨부파일'을 '이미지 파일들'이라고 바꾸면 돼.

5 단원

### 컴퓨터 바이러스(Computer Virus)와 백신 프로그램(Vaccine program)

컴퓨터 바이러스는 프로그램과 자료가 정상적인 기능을 하지 못하도록 개발된 악성 프로그램입니다. 이것은 스스로 복제하여 퍼뜨리는 성질이 있기 때문에 프로그램 및 데이터의 복사, 파일 다운로드, 네트워크 통신망 공유 등의 과정에서 퍼져 나갑니다. 백신 프로그램은 이러한 바이러스를 발견하여 컴퓨터를 정상적인 상태로 되돌리거나, 바이러스의 침투를 막아주는 프로그램입니다. 정상적인 프로그램으로 위장한 바이러스도 있기 때문에 반드시 백신 프로그램을 주기적으로 업데이트 해야 합니다. 또한, 안전하지 않은 사이트를 방문하거나 불법 프로그램을 다운받아서도 안 됩니다.

# 06 보안의 세계
# 네트워크와 암호화

≫ 정답 및 해설 37쪽

네트워크의 세계에서 중요한 정보를 어떻게 하면 지킬 수 있을까요? 우리는 암호를 사용하여 정보를 안전하게 보호해야 해요.

핵심 키워드 #보안 #암호화 #프리픽스

## STEP 1

[수학교과역량] 추론능력

코코와 퐁퐁이는 비밀 메시지를 주고받을 때 안전하게 암호화시킨 후, 메시지를 주고받기로 약속했습니다. 암호화 [규칙]은 아래와 같습니다.

**규칙**

1. 영어 문자 한 개는 한글 문자로 암호화됩니다. 이때 암호화되는 한글 문자의 개수는 정해져 있지 않습니다.
2. 영어 문자 한 개가 한글 문자로 암호화되었을 때, 다른 영어 문자는 암호화된 한글 문자로 시작할 수 없습니다.
3. 암호화된 영어 문자는 메시지 안에서 변경되지 않고 같은 한글 문자로 사용되어 집니다.

예 ABC를 암호화하려고 합니다.
A가 '가나'로 암호화되면 B는 '나'로 암호화될 수 있습니다. C는 '가가'로 암호화될 수 있지만 '나가'는 B로 암호화된 '나'로 시작하므로 [규칙 2]에 의해 '나가'로 암호화될 수는 없습니다.

다음 중 BABY가 암호화될 수 없는 것은 무엇인지 찾아 보세요.

① 나나나가나나가 ② 가나나나가가나가

③ 가가가나가가나나 ④ 다가나가나다가나가

## STEP 2

[수학교과역량] 추론능력, 문제해결능력

코코와 퐁퐁이는 비밀 메시지를 주고받을 때 안전하게 암호화시킨 후, 주고받기로 약속했습니다. 암호화 [규칙]은 **STEP 1**과 같습니다.
영어 단어 CHOCOSONGI의 암호화한 결과가 다음 주어진 문자열이 될 수 있도록 각 알파벳이 암호화된 문자를 빈칸에 써 보세요.

가나가나나가가나나가다다나나나가다나나다다가나

| C | H | O | C | O | S | O | N | G | I |
|---|---|---|---|---|---|---|---|---|---|
| | | | | | | | | | |

### 암호 알고리즘 개발원

중요한 정보를 주고받을 때는 이 정보 속 비밀을 지킬 장치가 필요합니다. 그래서 정보를 암호문으로 변경시켜서 전송하는데 이것을 암호화(Encryption)라고 합니다. 모든 자료가 데이터화되어 가상 공간에 저장되는 시대에서 암호화의 중요성은 날이 갈수록 커지고 있습니다. 이렇게 중요한 암호화에 필요한 알고리즘을 전문적으로 연구하는 직업이 있습니다. 바로 암호 알고리즘 개발원입니다. 정보 보안에 필요한 암호 알고리즘을 수학 원리와 이론을 토대로 개발하는 직업입니다.

5 단원

07 보안의 세계

# 네트워크와 복호화

≫ 정답 및 해설 38쪽

암호 속에 감춰진 정보를 알아내기 위해서는 암호를 원래 모습대로 돌리는 키를 얻어야 해요. 암호를 원래 모습으로 되돌리는 복호화 과정을 함께 연습해 봐요.

핵심 키워드 #암호 #복호화

## STEP 1

[수학교과역량] 추론능력

코코네 반의 학생들은 짝의 이름을 별명으로 알 수 있습니다. 코코의 짝의 별명이 '라카네미로'일 때, 코코의 짝의 진짜 이름은 무엇인지 다음의 표를 이용하여 찾아 보세요.

| A | B | C | D | E | F | G | H | I | J | K | L | M |
|---|---|---|---|---|---|---|---|---|---|---|---|---|
| 카 | 로 | 네 | 로이 | 테 | 후 | 지 | 민 | 노 | 라 | 시 | 카레 | 키 |
| **N** | **O** | **P** | **Q** | **R** | **S** | **T** | **U** | **V** | **X** | **X** | **Y** | **Z** |
| 루 | 미 | 쿠로 | 치 | 리 | 모 | 케 | 카이 | 제니 | 모르 | 미니 | 메로 | 코 |

생각 쏙쏙

### 해킹(Hacking)과 해커(Haker)

해킹(Hacking)은 무단으로 다른 사람의 컴퓨터 시스템에 침입하여 프로그램과 자료를 망가뜨리거나 훔치는 것을 말합니다. 해커(Haker)는 원래 컴퓨터 프로그래밍에 뛰어난 기술자들을 지칭하는 말이었습니다. 하지만 대중매체에서는 불법적인 해킹을 하는 사람들을 해커라고 지칭하고 있습니다. 해커는 화이트 해커와 블랙 해커로 다시 분류되기도 합니다. 화이트 해커는 보안 시스템 강화 업무를 위해 시스템에 의도적으로 침투하며 시스템의 약점을 알아보고, 보완책을 개발하는 일을 합니다. 블랙 해커는 나쁜 의도를 가지고 시스템에 몰래 침입하여 데이터를 파괴하거나 훔치는 사람들을 말합니다. 정보 보안이 중요한 요즘에는 화이트 해커 양성의 중요성이 커지고 있습니다.

## STEP 2

[수학교과역량] 추론능력, 문제해결능력

코코와 퐁퐁이가 자신을 표현할 수 있는 단어 하나를 정해 그 단어를 암호화하여 나타내면 반 친구들이 원래 단어를 맞추는 게임을 하려고 합니다. 단어를 암호화할 때, 다음의 원판을 사용합니다.

코코는 자신을 표현한 단어를 ACTIVE로 정했고 원판을 이용하여 이 단어를 암호화하면 아래의 표와 같이 EBYBBW입니다.

| 표현할 단어 | A | C | T | I | V | E |
|---|---|---|---|---|---|---|
| ↓ | 4 | 1 | 5 | 7 | 6 | 8 |
| 암호화 | E | B | Y | B | B | W |

퐁퐁이가 자신을 표현한 단어를 원판을 이용하여 암호화한 것이 다음 표와 같이 DXQJHXMV입니다. 이때 퐁퐁이가 자신을 표현한 단어가 무엇인지 써 보세요.

| 표현할 단어 | ? | ? | ? | ? | ? | ? | ? | ? |
|---|---|---|---|---|---|---|---|---|
| ↓ | 3 | 6 | 2 | 8 | 7 | 4 | 1 | 9 |
| 암호화 | D | X | Q | J | H | X | M | V |

5 단원

08 보안의 세계

# 개인정보와 보안

≫ 정답 및 해설 39쪽

집 주소, 이메일 주소, 전화번호 같은 정보는 소중히 보호해야 하는 개인정보입니다. 카멜레온이 자신을 보호하기 위해 장소에 따라 색을 바꾸는 것처럼 개인정보를 보호하기 위해 보안용 번호를 상황에 따라 새롭게 만들어 사용하기도 해요.

**핵심 키워드** #개인정보 #보안

## STEP 1

[수학교과역량] 추론능력

코코는 자동차 앞 유리에 코코의 휴대 전화번호를 붙여 놓았습니다. 개인정보 유출이 걱정된 코코는 보안업체에 주차용 전화번호를 의뢰했습니다. 다음은 보안업체에서 주차용 전화번호를 만들어 놓은 [예시]입니다.

**예시**

- 전화번호 471을 주차용 전화번호로 변환하는 것입니다.

| 전화번호 | 4 | | 7 | | 1 | |
|---|---|---|---|---|---|---|
| 보조번호 | 1 | | 4 | | 7 | |
| 주차용 전화번호 | 0 | 5 | 1 | 1 | 0 | 8 |

위의 [예시]와 다음 표를 이용하여 코코의 휴대 전화번호와 보완업체에서 변환한 주차용 전화번호를 각각 구해 보세요.(단, 휴대 전화번호의 가장 앞에 010을 붙여야 합니다.)

| 전화번호 | 3 | | | | 7 | | | | 9 | | | | | | 6 | |
|---|---|---|---|---|---|---|---|---|---|---|---|---|---|---|---|---|
| 주차용 전화번호 | | | 1 | 1 | | | | | 1 | 4 | | | 0 | 3 | 0 | 8 |

코코의 휴대 전화번호: 010

변환한 주차용 전화번호:

## STEP 2

[수학교과역량] 추론능력, 문제해결능력

코코가 주차용 번호판을 만드는 것을 본 퐁퐁이는 또 다른 보안업체에 주차용 전화번호를 주문했습니다. 다음은 퐁퐁이가 주문한 보안업체에서 주차용 전화번호를 만들어 놓은 [예시]입니다.

**예시**

- 전화번호 519를 주차용 전화번호로 변환하는 것입니다.

<table>
<tr><th>전화번호</th><td colspan="2">5</td><td colspan="2">1</td><td colspan="2">9</td></tr>
<tr><th>보조번호</th><td colspan="2">9</td><td colspan="2">5</td><td colspan="2">1</td></tr>
<tr><th>주차용 전화번호</th><td>4</td><td>5</td><td>0</td><td>5</td><td>0</td><td>9</td></tr>
</table>

위의 예시를 이용하여 퐁퐁이의 휴대 전화번호와 보완업체에서 변환한 주차용 전화번호를 각각 구해 보세요.(단, 휴대 전화번호의 가장 앞에 010을 붙여야 합니다.)

<table>
<tr><th>전화번호</th><td colspan="2">7</td><td colspan="2">2</td><td colspan="2"></td><td colspan="2">4</td><td colspan="2"></td><td colspan="2">5</td><td colspan="2"></td><td colspan="2"></td></tr>
<tr><th>주차용 전화번호</th><td>2</td><td>1</td><td></td><td></td><td>1</td><td>2</td><td></td><td></td><td></td><td></td><td>0</td><td>5</td><td></td><td></td><td>1</td><td>2</td></tr>
</table>

코코의 휴대 전화번호: 010 ______________

변환한 주차용 전화번호: ______________

5 단원

## 생각 쏙쏙 나의 개인 정보, 어디서부터 새어 나가는 걸까?

개인정보란 개인을 특정하여 구분할 수 있게 하는 모든 정보를 말합니다. 우리의 이름, 주민등록 번호, 전화번호, 주소, 이메일 주소, 사이트 아이디 및 비밀번호 등 다양한 종류의 개인정보가 있습니다. 컴퓨터에 저장된 파일, 택배 운송장, 친구에게 보내는 메시지, 무심코 SNS에 올리는 글과 사진 등을 제대로 관리하지 않을 때 나의 개인정보가 제3자에게 노출됩니다. 개인정보 보호를 위해 백신 프로그램을 꾸준히 사용하고, 나의 정보를 다른 사람들이 볼 수 있는 공간에 올리지 않으려는 노력을 기울여야 합니다.

# 도전! 코딩 엔트리(entry) 맞춤형 기상캐스터

(이미지 출처: 엔트리 https://playentry.org)

엔트리는 네이버 커넥트 재단에서 만들어 무료로 배포한 블록 코딩 사이트입니다. 엔트리에서는 상상력을 동원하여 다양한 나만의 작품을 만들고, 다른 이용자들과 쌍방향 의사소통을 하는 것이 가능합니다. 또한, 확장 기능을 사용하여 데이터 및 인공지능 학습을 손쉽게 블록 코딩에 융합시켜 사용할 수 있습니다.

이번 단원에서 우리는 네트워크에 대해 학습했습니다. 네트워크가 현실 세계와 가상 세계를 서로 이어준다면 어떤 일이 벌어질까요?
실제 기상 현상에 대한 데이터를 가지고 현실과 인터넷을 잇는 네트워크를 설계해 봅시다.

지금부터 우리는 날씨 정보와 옷차림을 나의 취향에 맞게 안내해 주는 나만의 맞춤형 기상캐스터를 만들어 보겠습니다.

## WHAT?

➔ 내가 설계한 대로 날씨 정보, 옷차림, 주의사항 등을 안내해 주는 기상캐스터를 만들어 봅시다.

## HOW?

➔ 휴대폰 화면에서는 모든 화면이 들어오지 않을 수 있으므로 정상 실행을 위해서는 탭이나 컴퓨터를 이용하세요.

➔ 데스크톱 컴퓨터를 이용할 때에는 웹캠이나 마이크를 연결해 주세요.

➔ 우선 엔트리의 기본 사용법을 익혀 봅시다.
QR코드를 스캔하여 사이트에 접속하면, 2가지 종류의 학습 방법이 보입니다. [2. 학년별 학습 과정]을 클릭하여 5~6학년에 알맞은 엔트리의 기본 사용법을 익혀 봅시다.

▲ 학년별 학습 과정

➔ 엔트리의 기본 사용법을 모두 익혔나요? 지금부터 본격적으로 맞춤형 기상캐스터 만들기를 시작해 봅시다.

1. [작품 만들기]로 들어가면 아래와 같은 첫 화면을 만날 수 있습니다.

2. [모양] 탭으로 들어가서 [모양 추가하기] 버튼을 누르세요.

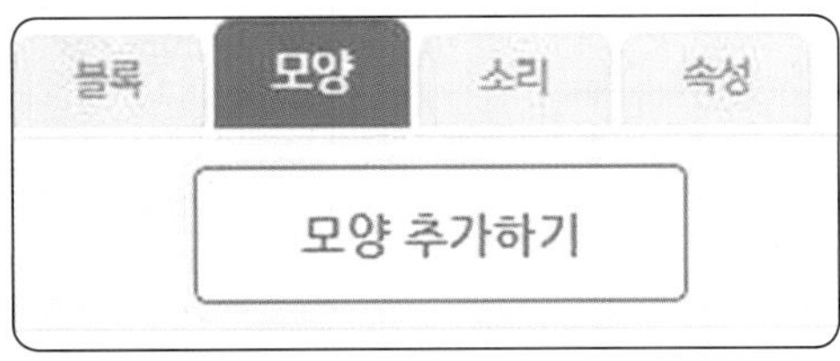


3. 오른쪽 상단을 보면, 검색창이 있습니다. 검색창에서 '로봇'을 검색합니다.
4. 원하는 로봇 모양을 선택한 뒤 [추가] 버튼을 누르세요.

5. 다시 [모양] 탭으로 돌아가서 사용하려는 모양을 클릭하고 [블록] 탭으로 이동하세요.

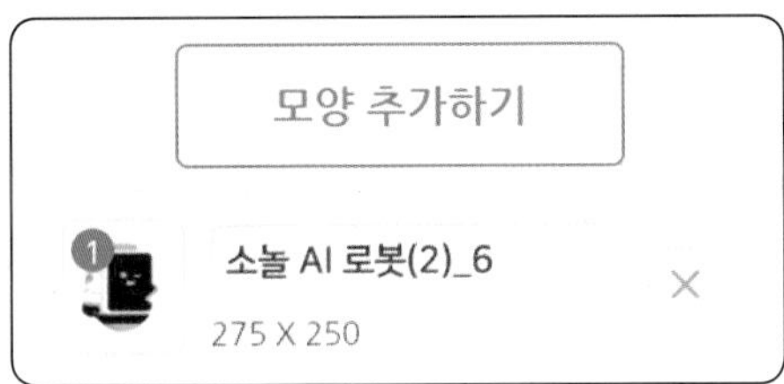


5
단원

6. [블록] 탭에서 확장 확장 을 누르고, [확장 블록 불러오기]를 선택한 뒤, [날씨]를 추가하세요.

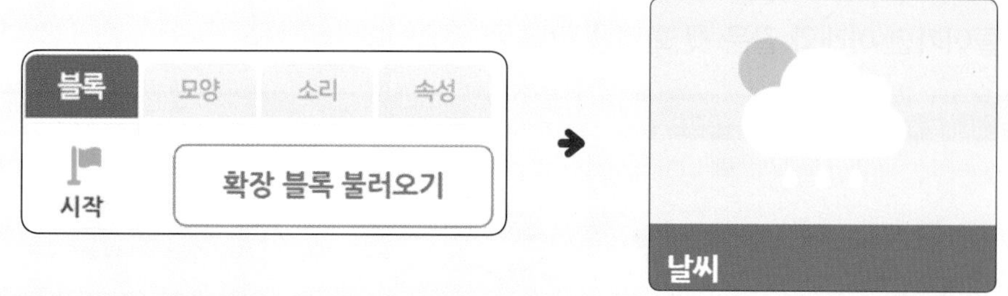


7. [블록] 탭에서 인공지능 인공지능 을 누르고, [인공지능 모델 학습하기]를 선택한 뒤, [분류: 음성]을 학습하세요.(단, 웹캠 또는 마이크가 연결되어 있어야 합니다.)

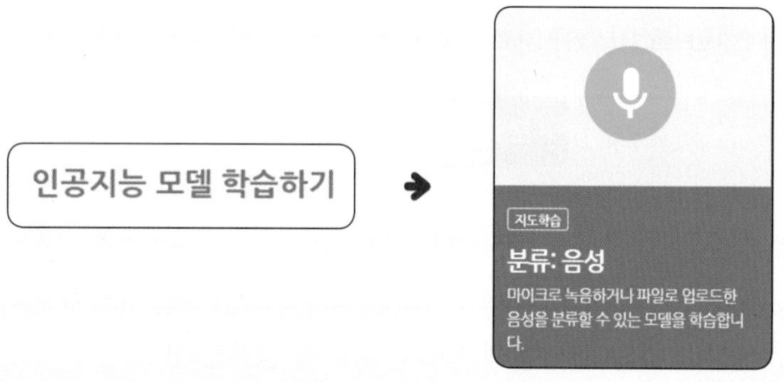


8. [데이터 입력] 란에 날씨 질문을 입력하세요.

상태를 녹음 으로 바꾸고, 마이크 를 누른 뒤 날씨를 묻는 질문을 녹음하세요. 1개의 질문을 녹음시킨 뒤에는 [입력하기] 버튼을 눌러 주세요. 5개 이상의 데이터를 입력하여 정확도를 향상시켜 주세요.

〈입력 가능한 질문 예시〉
- 서울 날씨 알려 줘.
- 서울 날씨 설명해 줘.
- 서울 날씨 알려 줄래?
- 오늘 서울 날씨 어때?
- 오늘 서울의 날씨를 알고 싶어.
- 오늘 서울의 날씨를 알고 싶어요.

(본인이 사는 도시의 이름으로 바꿔 넣어 주세요.)

9. 8번과 같은 과정을 통해 옷차림과 관련된 질문도 입력시켜 주세요.

   〈입력 가능한 질문 예시〉

   –어떤 옷을 입어야 해요?

   – 어떤 옷을 입어야 해?

   – 어떤 옷을 입을까?

   – 어떤 옷을 입지?

   – 의상 추천해 줘.

   – 옷 추천해 줘.

10. [모델 학습하기] 버튼을 클릭하여 AI 모델을 학습시키세요.

11. [속성] 탭에서 '옷차림 질문'과 '날씨 질문' 신호를 추가해 주세요.

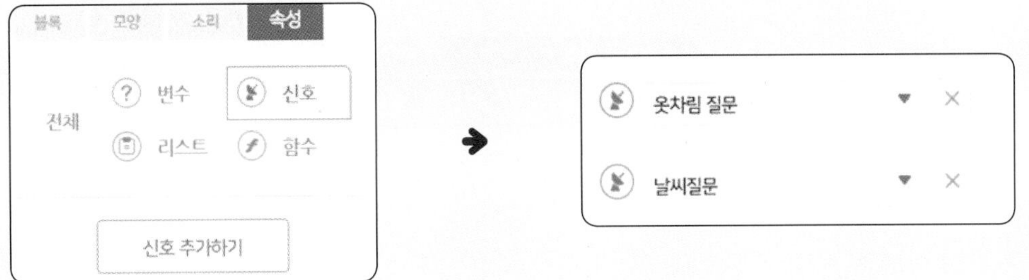


12. 이제 다양한 블록들을 사용하여 아래와 같이 블록 코딩을 해 보세요. 녹색은 '시작', 하늘색은 '분류', 빨강색은 '생김새', 보라색은 '인공지능', 적갈색은 '확장'에서 찾을 수 있습니다.

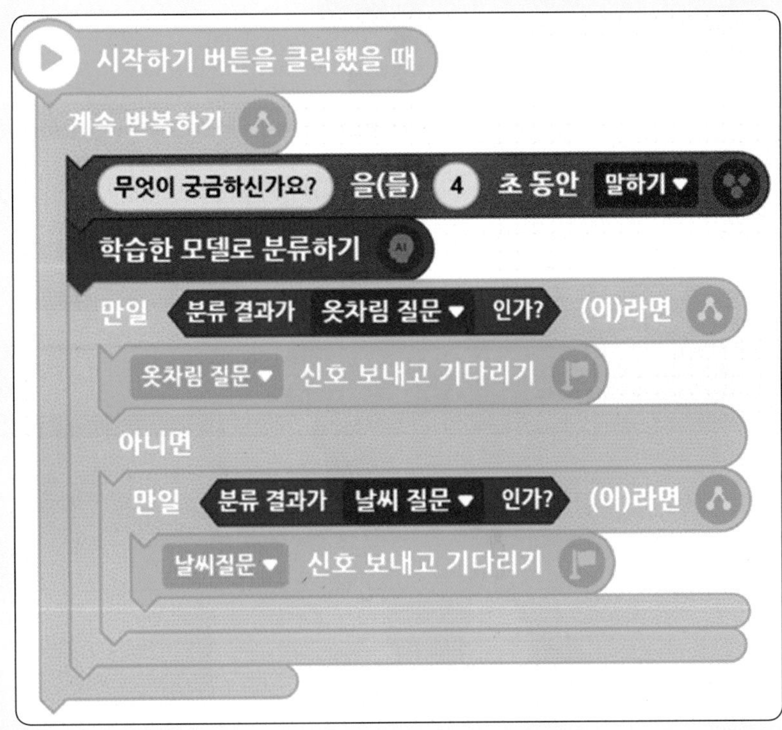


5 단원

# 도전! 코딩

● 날씨 질문

```
날씨질문▾ 신호를 받았을 때
만일 < 오늘▾ 서울▾ 전체▾ 의 날씨가 맑음▾ 인가? > (이)라면
    날씨가 맑습니다. 을(를) 4 초 동안 말하기▾
아니면
    만일 < 오늘▾ 서울▾ 전체▾ 의 날씨가 흐림▾ 인가? > (이)라면
        날씨가 흐립니다. 을(를) 4 초 동안 말하기▾
    아니면
        만일 < 오늘▾ 서울▾ 전체▾ 의 날씨가 비▾ 인가? > (이)라면
            비가 옵니다. 우산을 챙기세요. 을(를) 4 초 동안 말하기▾
        아니면
            만일 < 오늘▾ 서울▾ 전체▾ 의 날씨가 눈▾ 인가? > (이)라면
                눈이 옵니다. 을(를) 4 초 동안 말하기▾
```

● 옷차림 질문

```
옷차림 질문▾ 신호를 받았을 때
만일 < (현재 서울▾ 전체▾ 의 기온(℃)▾) > 30 > (이)라면
    현재 온도는 을(를) 2 초 동안 말하기▾
    (현재 서울▾ 전체▾ 의 기온(℃)▾) 을(를) 4 초 동안 말하기▾
    날씨가 덥네요. 가볍게 입으세요. 을(를) 4 초 동안 말하기▾
아니면
    만일 < (현재 서울▾ 전체▾ 의 기온(℃)▾) ≥ 20 그리고▾ (현재 서울▾ 전체▾ 의 기온(℃)▾) ≤ 30 > (이)라면
        현재 온도는 을(를) 2 초 동안 말하기▾
        (현재 서울▾ 전체▾ 의 기온(℃)▾) 을(를) 4 초 동안 말하기▾
        따뜻한 날씨네요. 산책하기 좋은 옷차림으로 나가세요. 을(를) 4 초 동안 말하기▾
    아니면
        만일 < (현재 서울▾ 전체▾ 의 기온(℃)▾) ≥ 10 그리고▾ (현재 서울▾ 전체▾ 의 기온(℃)▾) ≤ 20 > (이)라면
            현재 온도는 을(를) 2 초 동안 말하기▾
            (현재 서울▾ 전체▾ 의 기온(℃)▾) 을(를) 4 초 동안 말하기▾
            약간 쌀쌀한 날씨입니다. 얇은 겉옷을 챙기세요 을(를) 4 초 동안 말하기▾
```

13. [시작] 버튼을 눌러서 작동이 잘 되는지 확인해 보세요. [시작] 버튼을 누르면 데이터 입력창이 나옵니다. 상태를 녹음 (녹음 ▾)으로 바꾼 뒤 마이크 (🎙)를 누르고 날씨나 옷차림에 대해 질문해 보세요.

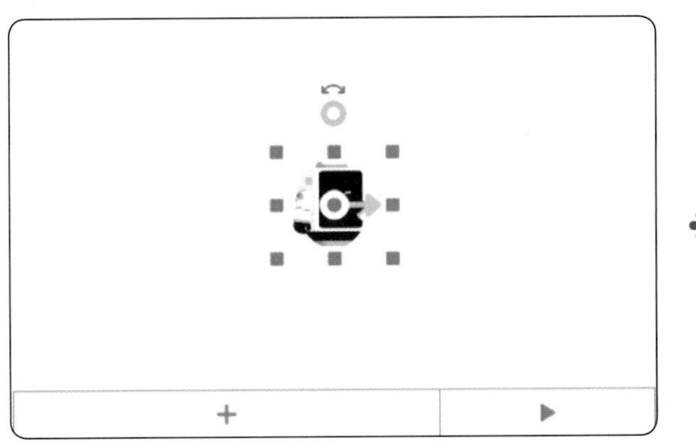

tip 맞춤형 기상캐스터를 더 정교하게 만들고 싶나요? 인공지능을 학습시킬 때 더 많은 클래스와 데이터를 입력해 보세요. 인공지능이 신호를 받았을 때 보이게 될 행동들을 보다 세세하게 설정해 보세요. 또, 모양 블록에 다양한 효과를 주는 방법도 생각해 보세요. 날씨에 따라 모양 바꾸기를 하거나 움직임을 줄 수도 있어요.(예 온도 범위를 보다 세세하게 나누기, 온도에 따른 지시 사항을 다양하게 하기, 날씨에 따른 반응을 다양하게 나누기)

5 단원

## DO IT!

➔ 사이트에 접속하여 직접 코딩을 해 봅시다. 코딩 후엔 꼭 실행해 보세요.

▲ 직접 코딩 해 보기

≫ 정답 및 해설 40쪽

〈5단원-네트워크를 지켜줘〉를 학습하며 배운 개념들을 정리해 보는 시간입니다.

**1** 용어에 알맞은 설명을 선으로 연결해 보세요.

|  | |  |
|---|---|---|
| 바이러스 • | | • 무단으로 타인의 컴퓨터 시스템에 침입하여 프로그램과 자료를 망가뜨리거나 훔치는 것 |
| 블록체인 • | | • 프로그램과 자료가 정상적으로 기능하지 못하게 개발된 악성 프로그램 |
| 해킹 • | | • 통신 시스템 사이에 데이터를 교환하는 과정에서 사용하는 약속 |
| 백신 프로그램 • | | • 바이러스를 잡아내어 컴퓨터를 정상적인 상태로 되돌리거나, 바이러스의 침투를 막아주는 프로그램 |
| 프로토콜 • | | • 데이터가 담긴 블록들을 체인의 형태로 엮어 여러 컴퓨터에 복제하여 저장하는 데이터 저장 기술 |

**2** 이번 단원을 배우며, 네트워크에 대해 내가 알고 있던 것, 새롭게 알게 된 것, 더 알고 싶은 것을 정리해 보세요.

| | |
|---|---|
| 네트워크에 대해<br>내가 알고 있던 것 | |
| 네트워크에 대해<br>내가 새롭게 알게 된 것 | |
| 네트워크에 대해<br>내가 더 알고 싶은 것 | |

## 쉬는 시간 언플러그드 코딩놀이 내일의 발명왕, 디지로그 설계

디지로그(Digilong)란 무엇일까요? 디지털과 아날로그의 합성어로 첨단 기술에 아날로그적 감성을 더하는 것을 말합니다. 디지털(Digital)이란 연속적이지 않고 끊어지는 신호, 0과 1의 조합으로 만들어진 정보 유통 방식 등을 말합니다. 디지털 장치에는 디지털 카메라, 디지털 TV, 스마트펜 등이 있습니다.

아날로그(Analog)란 연속적인 신호를 말하며, 실체가 존재하는 창조물들을 말하기도 합니다. 아날로그 장치에는 필름 카메라, 비디오 테이프, LP판, 카세트 테이프 등이 있습니다. 아날로그 감성은 아직 컴퓨터가 본격적으로 보급되기 전의 기계 장치들에서 오는 느낌을 말합니다.

요즘에는 아날로그 감성을 더한 디지털 제품, 즉 디지로그 제품의 인기가 높아지고 있습니다. 디지로그에는 무엇이 있을까요? 종이의 질감이 느껴지는 전자책, 사진을 찍으면 옛날 카메라의 소리를 내며 곧바로 디지털 사진으로 바꾸어 파일을 저장하고 인화해 주는 사진기 등이 있습니다. 디지로그 제품들에 대해 더 알고 싶다면, 오른쪽 QR코드를 스캔하여 영상을 확인해 보세요.

▲ 디지로그
(출처: 유튜브 「SBS 뉴스」)

**Q** 다음의 발명 기법을 참고하여, 나만의 디지로그 장치를 설계해 보세요.

**1. 더하기 기법**
이미 있는 물건과 다른 물건을 합하는 기법입니다. 지우개와 연필을 더한 지우개 달린 연필을 떠올려 보세요.

**2. 빼기 기법**
이미 있는 물건의 기능 중 몇 가지를 제거하여 다른 형태로 만들어 내는 기법입니다. 주스에서 설탕을 제거한 건강 주스를 생각해 보세요.

**3. 모양 바꾸기 기법**
물건의 모양을 일부 또는 전체적으로 바꾸어 새로운 물건을 만드는 기법입니다. 일자 모양의 빨대의 끝을 구부러뜨린 ㄱ자 모양 빨대를 떠올려 보세요.

**4. 크기 바꾸기 기법**
물건의 크기를 바꾸어 새로운 물건을 만드는 기법입니다. 커다란 데스크탑 컴퓨터를 작게 축소한 랩탑 컴퓨터(노트북)을 떠올려 보세요.

| 사용할 기법(1개 이상) | |
|---|---|
| 디지털 기술 또는 물건 | |
| 아날로그 기술 또는 물건 | |
| 설계 | |

5 단원

# 한 발자국 더

## 정보 위치 찾기 **인터넷 주소 속 비밀**

| 통신 프로토콜 | | 도메인 이름 | | | | | 경로 | | | | |
|---|---|---|---|---|---|---|---|---|---|---|---|
| http | :// | www. | cha. | go. | kr | / | aboutun | / | index | . | html |
| | | 서버 | 기관 이름 | 기관 성격 | 국가명 | | 디렉토리 | | 파일 | | 파일 형식 |

코딩·SW·AI 이해에 꼭 필요한

# 초등 코딩 사고력 수학

Coding

## 4단계

SD에듀
시대교육(주)

코딩·SW·AI 이해에 꼭 필요한

# 초등코딩 사고력수학

Coding

영재교육원 정보영재 + 로봇영재 완벽 대비

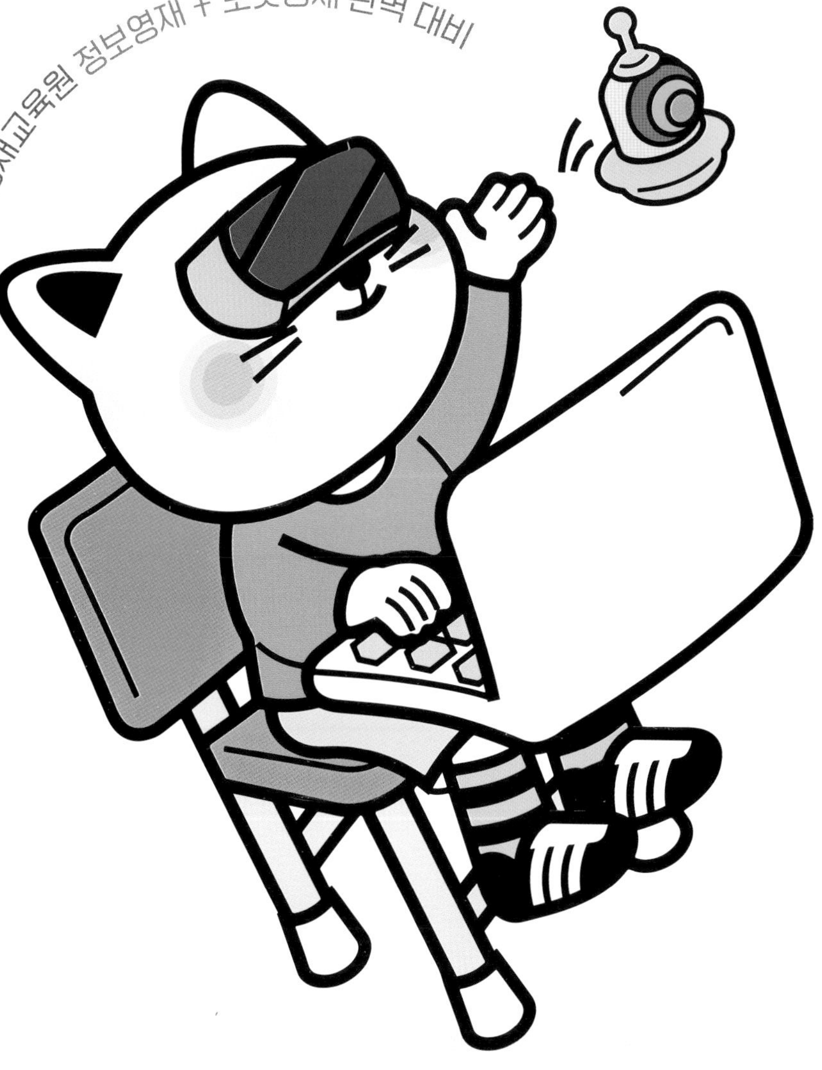

## 4단계

SW 영재교육원 대비

## 정답 및 해설

SD에듀
시대교육(주)

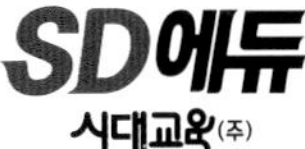

# 정답 및 해설

# 1 컴퓨터의 세계

## 01 컴퓨터처럼 수를 세요
## 2진수와 규칙

### STEP 1

정답

〈예시답안〉

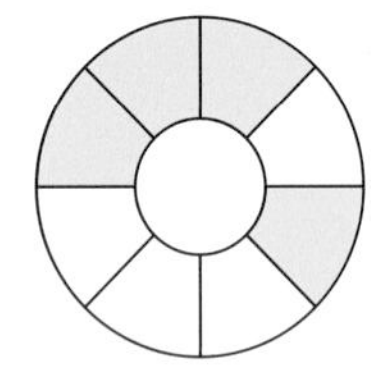

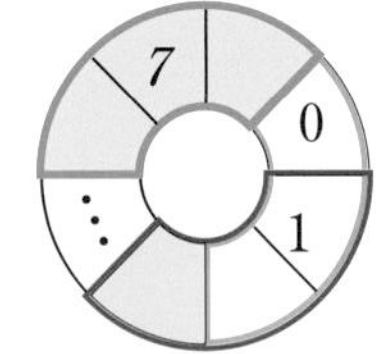


해설

하나의 수를 시계 방향으로 연결된 세 칸을 이용하여 나타낼 때, 0부터 7까지의 수를 순서와 상관없이 규칙에 따라 모두 나타날 수 있도록 그림을 색칠해 보는 문제입니다.

규칙을 살펴보면, 연결된 세 칸을 기준으로 몇 칸이 색칠되었느냐에 따라 수의 크기가 달라집니다. 예를 들어, 세 칸이 모두 색칠되면 7, 세 칸 중 가운데 칸만 색칠되면 2가 됩니다. 이때 세 칸이 모두 빈칸이어야 하는 0과 세 칸이 모두 노란색 칸이어야 하는 7을 나란히 배치한 뒤 노란색 1칸을 7을 나타내는 노란색 3칸과 연결되지 않게 배치하면 모든 수를 규칙에 맞게 나타낼 수 있습니다.

예시답안 이외에도 다양한 방법으로 모든 수를 규칙에 따라 나타낼 수 있습니다.

### STEP 2

정답

16조각

해설

하나의 수를 시계 방향으로 연결된 네 칸을 이용하여 나타낼 때, 0부터 15까지의 모든 수를 순서와 상관없이 규칙이 따라 나타내려면 그림을 몇 조각으로 나눠야 하는지 구하는 문제입니다.

네 칸이 모두 빈칸이어야 하는 0과 네 칸이 모두 노란색 칸이어야 하는 15를 나란히 배치한 뒤 나머지 수를 나타내면서 칸을 늘려야 합니다.

다음과 같이 그림을 나누어 색칠하면 0부터 15까지의 수를 규칙에 따라 나타낼 수 있습니다.

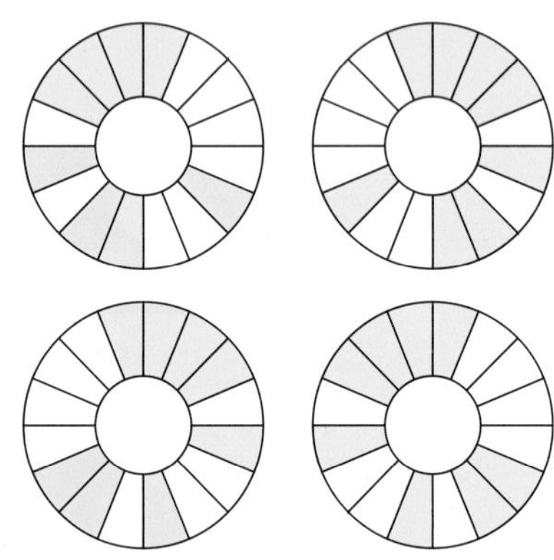

따라서 그림을 16조각으로 나누면 0부터 15까지의 모든 수를 규칙에 따라 나타낼 수 있습니다.

이때 위의 그림 이외에도 16조각으로 나누어진 그림을 다양한 방법으로 나타낼 수 있습니다.

## 02 컴퓨터처럼 수를 세요
## 2진수와 진법 (1)

### STEP 1

정답

45 → 101101, 243 → 11110011

풀이

2진수의 자릿값을 10진수로 나타낸 것을 이용하여 덧셈식으로 나타내어 10진수를 2진수로 변환하는 문제입니다.

$45=32+8+4+1$

$\quad=32+0+8+4+0+1$

이것은 2진수 여섯째 자리, 넷째 자리, 셋째 자리, 첫째 자리의 자릿값을 이용하여 덧셈식으로 나타낸 것입니다. 따라서 10진수 45는 2진수 101101로 변환됩니다.

243＝128＋64＋32＋16＋2＋1

　＝128＋64＋32＋16＋0＋0＋2＋1

이것은 2진수 여덟째 자리, 일곱째 자리, 여섯째 자리, 다섯째 자리, 둘째 자리, 첫째 자리의 자릿값을 이용하여 덧셈식으로 나타낸 것입니다. 따라서 10진수 243은 2진수 11110011로 변환됩니다.

## STEP 2

**정답**

숫자들◆속에◆글자들이◆숨겨져◆있어!

**풀이**

[힌트]에서 48이 나타내는 한글 문자는 딱다이고, 18이 나타내는 한글 문자는 구리입니다.

| 48 | 1 | 1 | 0 | 0 | 0 | 0 |
|---|---|---|---|---|---|---|
| | 딱 | 다 | 락 | 후 | 추 | 석 |
| 18 | 0 | 1 | 0 | 0 | 1 | 0 |
| | 배 | 구 | 하 | 루 | 리 | 트 |

이것은 10진수를 2진수로 변환하였을 때, 2진수에서 숫자 1이 있는 자리의 한글 문자를 순서대로 나열한 것입니다. 이 [힌트]를 이용하여 표에 숨겨진 문장을 찾아보는 문제입니다.

**STEP 1**의 방법을 이용하여 표의 10진수를 2진수로 변환하면 다음과 같습니다.

25＝16＋8＋1→11001

54＝32＋16＋4＋2→110110

8＝8→1000

49＝32＋16＋1→110001

32＝32→100000

19＝16＋2＋1→10011

22＝16＋4＋2→10110

1＝1→1

이것을 주어진 표의 한글 문자와 함께 나타내면 다음과 같습니다.

| 25 | 0 | 1 | 1 | 0 | 0 | 1 |
|---|---|---|---|---|---|---|
| | 가 | 숫 | 자 | 랑 | 이 | 들 |
| 54 | 1 | 1 | 0 | 1 | 1 | 0 |
| | ◆ | 속 | 도 | 에 | ◆ | ! |
| 8 | 0 | 0 | 1 | 0 | 0 | 0 |
| | 그 | 한 | 글 | 씨 | 앗 | 공 |
| 49 | 1 | 1 | 0 | 0 | 0 | 1 |
| | 자 | 들 | 차 | 석 | ◆ | 이 |

| 32 | 1 | 0 | 0 | 0 | 0 | 0 |
|---|---|---|---|---|---|---|
| | ◆ | 곱 | 셈 | 표 | 식 | 물 |
| 19 | 0 | 1 | 0 | 0 | 1 | 1 |
| | 날 | 숨 | ? | 반 | 겨 | 져 |
| 22 | 0 | 1 | 0 | 1 | 1 | 0 |
| | 것 | ◆ | 다 | 있 | 어 | ◆ |
| 1 | 0 | 0 | 0 | 0 | 0 | 1 |
| | 공 | 식 | 름 | 음 | 부 | ! |

따라서 숫자 1이 놓은 위치의 한글 문자를 찾아 순서대로 나열하면 '숫자들◆속에◆글자들이◆숨겨져◆있어!'라는 문장을 찾을 수 있습니다.

# 03 컴퓨터처럼 수를 세요 2진수와 진법 (2)

## STEP 1

**정답**

18,300원

**풀이**

2진수 체계의 성질을 응용하여 해결하는 문제입니다. 미래 주차장의 주차요원이 한 시간 동안 받을 수 있는 주차권의 수는

$\{(1\times2)\times4\times4\times4\times1\}+[\{(1\times2)+(1\times1)\}\times4\times4\times1]+\{(1\times1)\times4\times1\}+\{(1\times1)\times1\}=183$

이므로 183장입니다. 주차권은 한 장당 100원입니다. 따라서 한 시간 동안 받을 수 있는 주차요금은

$183\times100=18,300$ (원)입니다.

## STEP 2

**정답**

251,700원

**풀이**

2진수 체계의 성질을 응용하여 해결하는 문제입니다. 미래 주차장의 주차요원이 한 시간 동안 받을 수 있는 주차권의 수는

$\{(1\times4)\times8\times8\times8\times1\}+[\{(1\times4)+(1\times2)+(1\times1)\}\times8\times8\times1]+\{(1\times2)\times8\times1\}+[\{(1\times4)+(1\times1)\}\times1]=2517$

이므로 2517장입니다. 주차권은 한 장당 100원입니다. 따라서 한 시간 동안 받을 수 있는 주차요금은

$2517\times100=251,700$ (원)입니다.

# 04 컴퓨터처럼 조작해요 연산과 이미지 필터

## STEP 1

**정답**

| 22 | 19 |
|---|---|
| 13 | 14 |

**풀이**

[규칙]을 이용하여 최종 이미지를 구하면 다음과 같습니다.

이미지

| 2 | 1 | 3 | 0 |
|---|---|---|---|
| 0 | 0 | 1 | 1 |
| 2 | 3 | 3 | 1 |
| 1 | 1 | 2 | 2 |

⊗ 필터

| 1 | 3 | 3 |
|---|---|---|
| 0 | 1 | 1 |
| 2 | 0 | 1 |

→ 추출 이미지

| 1 | 2 |
|---|---|
| 3 | 4 |

①

| 2 | 1 | 3 |
|---|---|---|
| 0 | 0 | 1 |
| 2 | 3 | 3 |

⊗

| 1 | 3 | 3 |
|---|---|---|
| 0 | 1 | 1 |
| 2 | 0 | 1 |

→ 1에서

$(2\times1)+(0\times0)+(2\times2)+(1\times3)+(0\times1)+(3\times0)+(3\times3)+(1\times1)+(3\times1)=22$

②

| 1 | 3 | 0 |
|---|---|---|
| 0 | 1 | 1 |
| 3 | 3 | 1 |

⊗

| 1 | 3 | 3 |
|---|---|---|
| 0 | 1 | 1 |
| 2 | 0 | 1 |

→ 2에서

$(1\times1)+(0\times0)+(3\times2)+(3\times3)+(1\times1)+(3\times0)+(0\times3)+(1\times1)+(1\times1)=19$

③

| 0 | 0 | 1 |
|---|---|---|
| 2 | 3 | 3 |
| 1 | 1 | 2 |

⊗

| 1 | 3 | 3 |
|---|---|---|
| 0 | 1 | 1 |
| 2 | 0 | 1 |

→ 3에서

$(0\times1)+(2\times0)+(1\times2)+(0\times3)+(3\times1)+(1\times0)+(1\times3)+(3\times1)+(2\times1)=13$

④

| 0 | 1 | 1 |
|---|---|---|
| 3 | 3 | 1 |
| 1 | 2 | 2 |

⊗

| 1 | 3 | 3 |
|---|---|---|
| 0 | 1 | 1 |
| 2 | 0 | 1 |

→ 4에서

$(0\times1)+(3\times0)+(1\times2)+(1\times3)+(3\times1)+(2\times0)+(1\times3)+(1\times1)+(2\times1)=14$

따라서 추출 이미지 속 빈칸을 채우면

추출 이미지

| 22 | 19 |
|---|---|
| 13 | 14 |

입니다.

## STEP 2

**정답**

| 16 | 22 | 14 |
|---|---|---|
| 13 | 14 | 13 |

**풀이**

[규칙]을 이용하여 최종 이미지를 구하면 다음과 같습니다.

이미지

| 2 | 1 | 3 | 0 | 1 |
|---|---|---|---|---|
| 0 | 0 | 1 | 1 | 1 |
| 2 | 3 | 3 | 1 | 0 |
| 1 | 1 | 2 | 2 | 1 |

⊗ 필터

| 1 | 3 | 0 |
|---|---|---|
| 0 | 1 | 1 |
| 2 | 0 | 1 |

\+ 가중치

| 3 |
|---|

최종 이미지

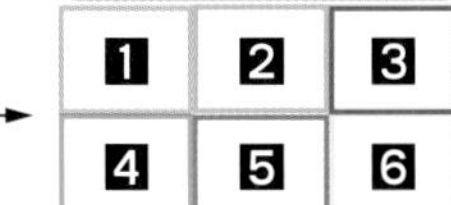

| 1 | 2 | 3 |
|---|---|---|
| 4 | 5 | 6 |

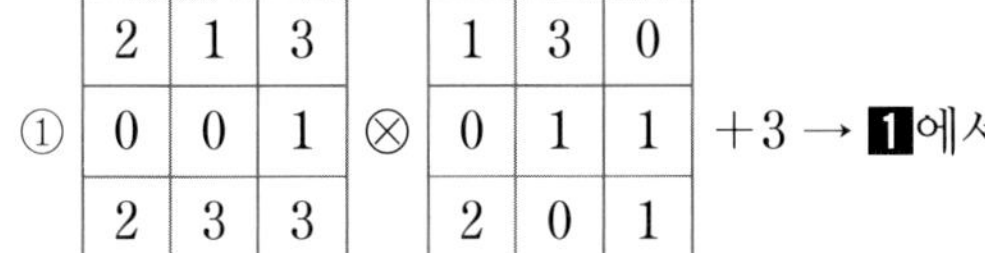

① $\begin{array}{|c|c|c|}\hline 2&1&3\\\hline 0&0&1\\\hline 2&3&3\\\hline\end{array} \otimes \begin{array}{|c|c|c|}\hline 1&3&0\\\hline 0&1&1\\\hline 2&0&1\\\hline\end{array} +3 \rightarrow$ 1에서

$\{(2\times1)+(0\times0)+(2\times2)+(1\times3)+(0\times1)+(3\times0)$
$+(3\times0)+(1\times1)+(3\times1)\}+3=16$

② $\begin{array}{|c|c|c|}\hline 1&3&0\\\hline 0&1&1\\\hline 3&3&1\\\hline\end{array} \otimes \begin{array}{|c|c|c|}\hline 1&3&0\\\hline 0&1&1\\\hline 2&0&1\\\hline\end{array} +3 \rightarrow$ 2에서

$\{(1\times1)+(0\times0)+(3\times2)+(3\times3)+(1\times1)+(3\times0)$
$+(0\times0)+(1\times1)+(1\times1)\}+3=22$

③ $\begin{array}{|c|c|c|}\hline 3&0&1\\\hline 1&1&1\\\hline 3&1&0\\\hline\end{array} \otimes \begin{array}{|c|c|c|}\hline 1&3&0\\\hline 0&1&1\\\hline 2&0&1\\\hline\end{array} +3 \rightarrow$ 3에서

$\{(3\times1)+(1\times0)+(3\times2)+(0\times3)+(1\times1)+(1\times0)$
$+(1\times0)+(1\times1)+(0\times1)\}+3=14$

④ $\begin{array}{|c|c|c|}\hline 0&0&1\\\hline 2&3&3\\\hline 1&1&2\\\hline\end{array} \otimes \begin{array}{|c|c|c|}\hline 1&3&0\\\hline 0&1&1\\\hline 2&0&1\\\hline\end{array} +3 \rightarrow$ 4에서

$\{(0\times1)+(2\times0)+(1\times2)+(0\times3)+(3\times1)+(1\times0)$
$+(1\times0)+(3\times1)+(2\times1)\}+3=13$

⑤ $\begin{array}{|c|c|c|}\hline 0&1&1\\\hline 3&3&1\\\hline 1&2&2\\\hline\end{array} \otimes \begin{array}{|c|c|c|}\hline 1&3&0\\\hline 0&1&1\\\hline 2&0&1\\\hline\end{array} +3 \rightarrow$ 5에서

$\{(0\times1)+(3\times0)+(1\times2)+(1\times3)+(3\times1)+(2\times0)$
$+(1\times0)+(1\times1)+(2\times1)\}+3=14$

⑥ $\begin{array}{|c|c|c|}\hline 1&1&1\\\hline 3&1&0\\\hline 2&2&1\\\hline\end{array} \otimes \begin{array}{|c|c|c|}\hline 1&3&0\\\hline 0&1&1\\\hline 2&0&1\\\hline\end{array} +3 \rightarrow$ 6에서

$\{(1\times1)+(3\times0)+(2\times2)+(1\times3)+(1\times1)+(2\times0)$
$+(1\times0)+(0\times1)+(1\times1)\}+3=13$

따라서 최종 이미지 속 빈칸을 채우면

최종 이미지

| 16 | 22 | 14 |
|---|---|---|
| 13 | 14 | 13 |

입니다.

## 05 알록달록 색칠해요 RGB와 16진수

### STEP 1

**정답**

(1) ㄹ (2) ㄱ

**해설**

(1) RGB(37, 37, 245)에서 파란색의 단계가 가장 높으므로 파랑색이 많이 섞인 ㄹ임을 알 수 있습니다.

(2) RGB(172, 0, 255)에서 초록색의 단계가 0이고 빨간색과 파란색이 비슷한 비율로 섞였으므로 보라색에 가까운 ㄱ임을 알 수 있습니다.

### STEP 2

**정답**

㉠: 73, ㉡: 185, ㉢: 238

**풀이**

을 나타내는 문자열이 49B9EE이므로 49는 R를, B9는 G를, EE는 B를 표현합니다.

각각의 두 자리 문자열을 10진수로 변환하면 다음과 같습니다.

$49 \rightarrow 4\times16+9\times1=73$,

$B9 \rightarrow 11\times16+9\times1=185$,

$EE \rightarrow 14\times16+14\times1=238$

따라서 49B9EE는 RGB(73, 185, 238)입니다.

즉 ㉠은 73, ㉡은 185, ㉢은 238입니다.

# 06 간단하게 나타내기 이미지와 부호화

## STEP 1

**정답**

4비트

**풀이**

이미지에는 총 9가지 색이 사용되었습니다.

1비트는 $2^1$로 2가지 색을, 2비트는 $2^2=2\times2=4$로 4가지 색을 나타낼 수 있습니다.

마찬가지 방법으로, $2^3=2\times2\times2=8$로 8가지 색을, $2^4=2\times2\times2\times2=16$으로 16가지 색을 나타냅니다.

따라서 주어진 그림의 9가지 색을 표현하기 위해서는 최소 4비트가 필요합니다.

## STEP 2

**정답**

| 10 | 10 | 10 | 11 | 01 | 00 | 00 |
|---|---|---|---|---|---|---|
| 10 | 10 | 10 | 11 | 01 | 00 | 00 |
| 10 | 10 | 10 | 11 | 01 | 01 | 01 |
| 10 | 10 | 10 | 00 | 11 | 11 | 11 |
| 10 | 10 | 00 | 00 | 00 | 10 | 10 |
| 10 | 00 | 00 | 00 | 00 | 00 | 10 |
| 00 | 00 | 00 | 00 | 00 | 00 | 00 |

문제점: 4가지 색으로 표현된 2비트의 흑백 이미지는 5가지 색을 사용한 컬러 이미지의 모든 색을 표현하지 못합니다.

**해설**

변환된 흑백 이미지의 각각의 색을 디지털 표현 방법으로 부호화하면 됩니다. 한편, 컬러 이미지에서 빨간색과 초록색은 모두 검정색(00)으로 변환되었습니다. 그 이유는 주어진 표의 흑백 이미지에서는 2비트($2^2=4$)의 4가지 색으로만 나타낼 수 있기 때문입니다.

# 07 컴퓨터의 두뇌 CPU와 속도

## STEP 1

**정답**

600,000,000개 (6억 개)

**풀이**

1GHz는 1초에 1,000,000,000개, 즉 10억 개의 연산을 처리할 수 있습니다.

두 종류의 CPU의 연산 처리 속도의 차이는

$3.5-2.9=0.6$ (GHz)

이므로 처리할 수 있는 연산의 개수의 차는

$0.6\times1,000,000,000=600,000,000$ (개)

즉, 6억 개입니다.

## STEP 2

**정답**

48분

**풀이**

사진 편집 작업의 전체의 일의 양을 1이라고 할 때, 연산 장치 A는 1시간에 전체의 일의 양의 $\frac{1}{2}$만큼, B는 1시간에 전체의 일의 양의 $\frac{1}{4}$만큼, C는 1시간에 전체의 일의 양의 $\frac{1}{6}$만큼, D는 1시간에 전체의 일의 양의 $\frac{1}{3}$만큼의 작업을 할 수 있습니다. 연산 장치 A, B, C, D를 모두 이용하면 1시간에 할 수 있는 일의 양은 전체의 $\frac{1}{2}+\frac{1}{4}+\frac{1}{6}+\frac{1}{3}=\frac{15}{12}=\frac{5}{4}$입니다.

따라서 전체 일의 양을 1이라고 하였을 때, 사진 편집 작업을 완성하는 데 걸리는 시간은 총 $\frac{4}{5}$시간이므로 $60\times\frac{4}{5}=48$ (분)입니다.

# 08 효율적으로 압축해요 압축과 부호화

## STEP 1

**정답**

aaaabbcdddd

**해설**

문자열을 부호화하여 압축하는 과정을 4단계에서부터 거꾸로 적용해 나가야 하는 문제입니다.

압축된 결과가 911218이므로 삭제된 0과 1을 차례로 붙이면 091101120118입니다. 0과 1을 사용된 횟수만큼 나열해 주면 000000000101101111111111입니다. 이것을 알파벳 a, b, c, d와 a, b, c, d가 각각 사용된 횟수로 나타내면 a4(00000000)b2(0101)c1(10) d4(11111111)입니다.

따라서 각 문자가 쓰인 횟수만큼 나열하여 나타내면 처음의 문자열은 aaaabbcdddd입니다.

## STEP 2

**정답**

(1) 4 : 1 : 1　　(2) 6 : 2 : 1

**해설**

문제에 주어진 방법을 이용하여 이미지를 압축한 a : b : c의 규칙을 찾아 해결하는 문제입니다.

a는 4×2 모양의 블록의 개수를 나타냅니다.

(단, 이때 각각의 4×2 모양의 블록의 이미지는 서로 같습니다.)

b는 4×2 모양의 블록에서 첫 번째 줄에서 추출한 검은색 별 ★의 개수를 나타냅니다.

c는 4×2 모양의 블록에서 두 번째 줄에서 추출한 검은색 별 ★의 개수를 의미합니다.

예를 들어,

| ★ | ☆ | ★ | ☆ | ★ | ☆ | ★ | ☆ |
|---|---|---|---|---|---|---|---|
| ☆ | ☆ | ☆ | ☆ | ☆ | ☆ | ☆ | ☆ |
| ★ | ☆ | ★ | ☆ | ★ | ☆ | ★ | ☆ |
| ☆ | ☆ | ☆ | ☆ | ☆ | ☆ | ☆ | ☆ |

에서 반복되는 4×2 모양의 블록  은 4개 있습니다.

첫 번째 줄에는 검은색 별 ★이 2개 있고, 두 번째 줄에는 검은색 별 ★이 0개 있으므로 4 : 2 : 0으로 압축할 수 있다.

(1)

| ★ | ☆ | ☆ | ☆ | ★ | ☆ | ☆ | ☆ |
|---|---|---|---|---|---|---|---|
| ☆ | ☆ | ☆ | ★ | ☆ | ☆ | ☆ | ★ |
| ★ | ☆ | ☆ | ☆ | ★ | ☆ | ☆ | ☆ |
| ☆ | ☆ | ☆ | ★ | ☆ | ☆ | ☆ | ★ |

에서 반복되는 4×2 모양의 블록

| ★ | ☆ | ☆ | ☆ |
|---|---|---|---|
| ☆ | ☆ | ☆ | ★ |

은 4개 있습니다.

첫 번째 줄에는 검은색 별 ★이 1개 있고, 두 번째 줄에도 검은색 별 ★이 1개 있습니다.

따라서 이미지를 압축하면 4 : 1 : 1입니다.

(2)

| ★ | ★ | ☆ | ☆ | ★ | ★ | ☆ | ☆ |
|---|---|---|---|---|---|---|---|
| ☆ | ☆ | ★ | ☆ | ☆ | ☆ | ★ | ☆ |
| ★ | ★ | ☆ | ☆ | ★ | ★ | ☆ | ☆ |
| ☆ | ☆ | ★ | ☆ | ☆ | ☆ | ★ | ☆ |
| ★ | ★ | ☆ | ☆ | ★ | ☆ | ☆ | ☆ |
| ☆ | ☆ | ★ | ☆ | ☆ | ★ | ☆ | ☆ |

에서 반복되는 4×2 모양의 블록

| ★ | ★ | ☆ | ☆ |
|---|---|---|---|
| ☆ | ☆ | ★ | ☆ |

은 6개 있습니다.

첫 번째 줄에는 검은색 별 ★이 2개 있고, 두 번째 줄에는 검은색 별 ★이 1개 있습니다.

따라서 이미지를 압축하면 6 : 2 : 1입니다.

## 정리 시간

1.

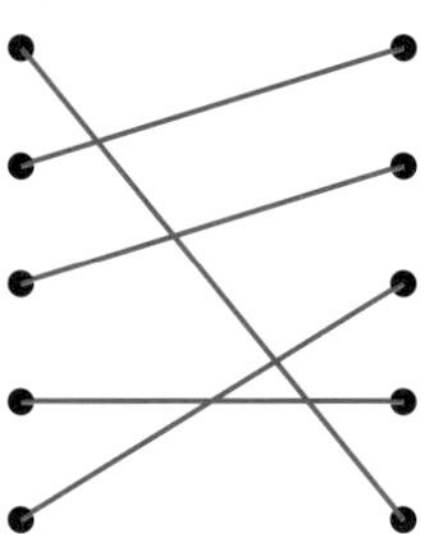

2.

| 0, 15 |
|---|
| 0, 3, 3, 3, 3, 3 |
| 0, 2, 1, 3, 1, 1, 1, 3, 1, 2 |
| 0, 1, 1, 2, 1, 5, 1, 2, 1, 1 |
| 0, 4, 1, 5, 1, 4 |
| 0, 4, 1, 5, 1, 4 |
| 0, 4, 1, 2, 1, 2, 1, 4 |
| 0, 7, 1, 7 |
| 0, 2, 1, 3, 3, 3, 1, 2 |
| 0, 3, 1, 7, 1, 3 |
| 0, 4, 1, 5, 1, 4 |
| 0, 5, 5, 5 |
| 0, 15 |

# 2 규칙대로 척척

## 01 규칙 발견하기 규칙과 자료 분석

### STEP 1

정답

[규칙을 나타낸 식] $(A\times C)\div(B\times D)=$몫 ⋯ E

[네 번째 그림의 중앙의 사각형 안에 들어갈 수] 42

풀이

주어진 수들 사이에서 규칙을 찾아 식으로 나타내어 보는 문제입니다.

$(7\times11)\div(6\times10)=77\div60=1\cdots17$

$(7\times8)\div(4\times3)=56\div12=4\cdots8$

$(3\times14)\div(5\times2)=42\div10=4\cdots2$

즉, 대각선에 위치한 수들끼리 서로 곱한 뒤, 왼쪽 대각선의 결괏값에서 오른쪽 대각선의 결괏값을 나눕니다. 이 계산의 결과로 생긴 나머지가 중앙의 사각형 안에 들어갈 수가 됩니다. 이것을 알파벳을 사용하여 식으로 나타내면

$(A\times C)\div(B\times D)=$몫 ⋯ E

입니다.

따라서 네 번째 그림의 중앙의 사각형 안에 들어갈 수는 $(6\times22)\div(5\times9)=132\div45=2\cdots42$이므로 42입니다.

### STEP 2

정답

[규칙을 나타낸 식]

$(A+B+E+F)\div(C+D+G+H)=$몫 ⋯ I

[네 번째 그림의 중앙의 사각형 안에 들어갈 수] 6

풀이

주어진 수들 사이에서 규칙을 찾아 식으로 나타내어 보는 문제입니다.

(3+8+3+2)÷(6+3+1+4)=1⋯2

(2+1+3+8)÷(3+3+6+2)=1⋯0

(8+7+5+6)÷(4+3+2+1)=2⋯6

즉, 대각선에 위치한 수들끼리 서로 더한 뒤, 왼쪽 대각선의 결괏값에서 오른쪽 대각선의 결괏값을 나눕니다. 이 계산의 결과로 생긴 나머지가 중앙의 사각형 안에 들어갈 수가 됩니다. 이것을 알파벳을 사용하여 식으로 나타내면

(A+B+E+F)÷(C+D+G+H)=몫⋯I

입니다.

따라서 네 번째 그림의 중앙의 사각형 안에 들어갈 수는 (9+8+7+3)÷(1+4+0+2)=3⋯6이므로 6입니다.

# 02 규칙과 추상화

규칙따라 분석하기

## STEP 1

**정답**

| 매일 | 짝숫날 | 홀숫날 |
|---|---|---|
| 현미밥, 김치 | 제육볶음, 요거트 | 갈비탕, 계란찜, 우유 |

**해설**

제시된 식단표에서 규칙을 찾아서 간단하게 추상화해 보는 문제입니다.

식단표의 음식들은 일정한 규칙을 가지고 있습니다. 매일 나오는 음식, 짝숫날 나오는 음식, 홀숫날 나오는 음식이 정해져 있습니다.(만약, 이틀에 한 번이라고 한다면 등교하지 않는 7월 6일과 7월 7일 때문에 규칙이 성립하지 않습니다.)

따라서 규칙에 따라 정리하면 주말을 제외하고 매일 나오는 음식은 현미밥과 김치, 짝숫날 나오는 음식은 제육볶음과 요거트, 홀숫날 나오는 음식은 갈비탕과 계란찜, 우유입니다.

## STEP 2

**정답**

수식 A=나머지(칸( )÷6)=2

수식 B=나머지(칸( )÷4)=1

수식 C=나머지(열( )÷3)=0

수식 D=나머지(열( )÷5)=4

**해설**

=나머지(칸( )÷A)=B에서 칸( )은 □번째 칸으로, □를 A로 나누었을 때 나머지가 B인 칸을 색칠하라는 뜻입니다.

=나머지(열( )÷X)=Y에서 열( )은 □번째 열로, □를 X로 나누었을 때 나머지가 Y인 열을 색칠하라는 뜻입니다.

| | 수식 C AND 수식 D | | | | | | | | | | | | | | |
|---|---|---|---|---|---|---|---|---|---|---|---|---|---|---|---|
| 수식 A | | | | | | | | | | | | | | | |
| | | | | | | | | | | | | | | | |

이므로 수식 A의 결괏값으로 반드시 2번째 칸, 8번째 칸을 색칠해야 합니다.

즉, 수식 A=나머지(칸( )÷6)=2임을 알 수 있습니다.

마찬가지 방법으로,

| | 수식 C AND 수식 D | | | | | | | | | | | | | | |
|---|---|---|---|---|---|---|---|---|---|---|---|---|---|---|---|
| 수식 B | | | | | | | | | | | | | | | |
| | | | | | | | | | | | | | | | |

이므로 수식 B의 결괏값으로 반드시 1번째 칸, 5번째 칸, 13번째 칸을 색칠해야 합니다.

즉, 수식 B=나머지(칸( )÷4)=1임을 알 수 있습니다.

수식 A와 수식 B의 결괏값만 나타내면 다음과 같습니다.

| | 결과 | | | | | | | | | | | | | | |
|---|---|---|---|---|---|---|---|---|---|---|---|---|---|---|---|
| 수식 A | | | | | | | | | | | | | | | |
| 수식 B | | | | | | | | | | | | | | | |

즉, 수식 A와 수식 B의 결괏값에서 위, 아래 두 칸이 모두 색칠된 경우는 없으므로 문제의 주어진 표에서 3, 4, 6, 9, 12, 14, 15번째 열은 수식 C AND 수식 D의 결과입니다. 이때 수식 C의 나머지가 수식 D의 나머지보다 작으므로

수식 C=나머지(열( )÷3)=0
수식 D=나머지(열( )÷5)=4
임을 알 수 있습니다.

## 03 규칙따라 착착 규칙과 웹서핑

### STEP 1

정답

(3, 1)

풀이

PUSH와 POP을 할 때마다의 위치를 나타내면 다음과 같습니다.
PUSH(1, 1) → PUSH(1, 2) → POP(1, 1) → PUSH(1, 2) → PUSH(1, 3) → PUSH(2, 1) → POP(1, 3) → PUSH(2, 1) → PUSH(2, 2) → POP(2, 1) → PUSH(2, 2) → PUSH(3, 1)
따라서 지금 코코가 보고 있는 사이트의 위치는 (3, 1)입니다.

### STEP 2

정답

4번

해설

퐁퐁이가 19번의 PUSH를 했으므로 1번 메모리부터 3번 메모리까지 입력이 19번 일어났다는 것과 같습니다. 1번 메모리부터 3번 메모리까지 전체 메모리가 한 번씩 입력이 되려면 9번의 PUSH가 필요합니다. 따라서 19번의 PUSH를 했으므로 전체 메모리가 모두 2번씩 입력이 되고, 1번의 입력이 추가로 일어난 상태입니다.
POP이 없었다고 가정하면 [1, 0, 0]의 상태입니다.
POP은 되돌아가는 상태를 의미하므로 거꾸로 이동을 해야 하고, 모든 메모리가 2번씩 기록되어 있습니다.
현재 [1, 0, 0]의 상태에서 첫 번째 POP이 일어나면 [0, 0, 2]가 됩니다. 두 번째 POP이 일어나면 [0, 0, 1]이 됩니다. 세 번째 POP이 일어나면 [0, 3, 0]이 됩니다. 네 번째 POP이 일어나면 [0, 2, 0]이 됩니다.
따라서 [0, 2, 0]의 상태가 되기 위해서는 총 4번의 POP을 하면 됩니다.
이때, POP이 PUSH 사이사이에 일어나도 결과는 같습니다.

## 04 규칙따라 착착 규칙과 창고 정리

### STEP 1

정답

3번째

풀이

무게의 합이 120 kg 이상일 때 가장 마지막에 처리한 짐을 줄의 왼쪽 끝으로 이동시킨다는 [규칙 3]을 주의하여야 합니다.
20+45+40=105 (kg)이므로 [규칙 2]에 의해 짐은 모두 트럭으로 옮겨집니다.
60+30+75=165 (kg)이므로 [규칙 3]에 의해 75 kg의 짐을 줄의 왼쪽 끝으로 이동시킵니다.
60+30+15=105 (kg)이므로 [규칙 2]에 의해 모두 트럭으로 옮겨집니다.
35+75=110 (kg)이므로 [규칙 2]에 의해 모두 트럭으로 옮겨집니다.
따라서 짐을 트럭으로 모두 옮길 때, 이동은 총 3번 있었으며 75 kg의 짐은 3번째 이동에서 트럭으로 옮겨집니다.

### STEP 2

정답

40 kg

풀이

60+35+40=135 (kg)이므로 [규칙 4]에 의해 40 kg을 3열로 옮기고, 무게의 합이 100 kg 이상이 될 때까지 짐을 더 처리합니다.

60+35+25=120 (kg)이므로 [규칙 3]에 의해 세 개의 짐을 모두 트럭에서 바닥으로 내립니다.

70+10+50=130 (kg)이므로 [규칙 4]에 의해 50 kg을 3열로 옮기고, 무게의 합이 100 kg 이상이 될 때까지 짐을 더 처리합니다.

70+10+65=135 (kg)이므로 [규칙 4]에 의해 65 kg을 3열로 옮기고, 무게의 합이 100 kg 이상이 될 때까지 짐을 더 처리합니다.

70+10+10+20=110 (kg)이므로 [규칙 3]에 의해 네 개의 짐을 모두 트럭에서 바닥으로 내립니다.

[규칙 4]에서 3열로 이동된 짐의 무게는 왼쪽에서부터 순서대로 40 kg, 50 kg, 65 kg입니다.

65+50=115 (kg)이므로 [규칙 3]에 의해 두 개의 짐을 모두 트럭에서 바닥으로 내립니다.

남은 한 개의 짐의 무게가 40 kg이므로 마지막까지 바닥으로 내리지 못하고 트럭에 남아있게 됩니다.

따라서 [규칙]을 반복하여 로봇이 트럭의 짐을 바닥으로 내리려고 할 때, 마지막까지 바닥으로 내리지 못하고 트럭에 남아있는 짐의 무게는 총 40 kg입니다.

## 05 규칙따라 균형따라 무게와 균형

### STEP 1

정답

3가지

풀이

무게 중심과 수평 잡기의 원리를 이용하여 해결하는 문제입니다. 위치에 따라 물체가 실이 달린 점에 가하는 힘이 달라지는 것을 알고 있어야 합니다.

물체가 무게 중심에서 거리가 멀어질수록 무게 중심에 가하는 힘이 커집니다. 무게 중심에서 2칸 떨어져 있는 구슬 1개와 1칸 떨어져 있는 구슬 2개가 무게 중심에 가하는 힘의 크기는 같습니다.

즉, (구슬의 개수)×(무게 중심에서 떨어진 거리)가 구슬이 무게 중심에 가하는 힘이라는 것을 알 수 있습니다.

갈색 막대기는

2×●×2+2×●×1=1×●×4+1×●×2에서

6×●=6×●로 수평 상태입니다.

따라서 녹색 막대기의 왼쪽은 이미 수평 상태가 이루어진 갈색 막대기와 수평을 이뤄야 합니다.

이때, 녹색 막대기와 갈색 막대기가 만나는 지점에 갈색 막대기의 무게가 가해지고 있습니다. 또한, 갈색 막대기는 수평을 이루고 있으므로 녹색 막대기의 중심에서 3칸 떨어진 곳에 구슬 6개가 있는 것과 같습니다.

즉, ①×●×3+②×●×2+③×●×1=6×●×3이므로 ①×3+②×2+③×1=18, ①+②+③=8을 만족해야 합니다.

따라서 녹색 막대기의 ①에 4개, ②에 2개, ③에 2개 또는 ①에 3개, ②에 4개, ③에 1개 또는 ①에 2개, ②에 6개의 파란색 구슬을 매달 때, 녹색 막대기는 수평을 이루게 됩니다.

그러므로 구하는 모든 경우의 수는 3가지입니다.

더 알아보기

» **무게 중심**

물체의 어떤 곳을 매달거나 받쳤을 때 수평으로 균형을 이루는 점이 있습니다. 그 점을 무게 중심이라고 합니다.

무게 중심은 양쪽의 무게가 같아지는 지점이 아니라 양쪽이 균형을 이루는 점이라는 표현이 더 정확합니다.

무게 중심의 원리가 적용된 대표적인 예가 모빌입니다.

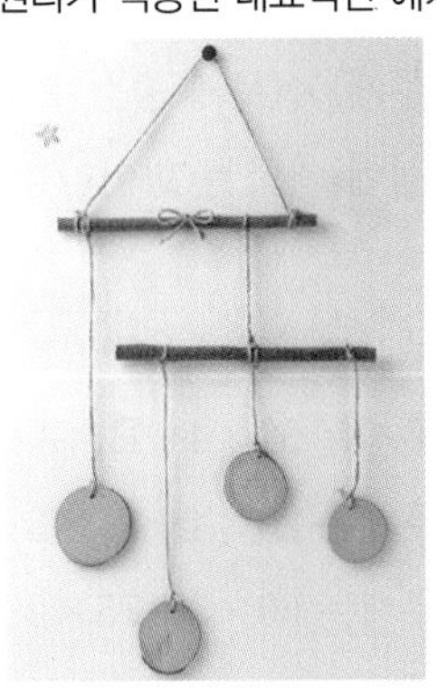

알아보기

» **수평잡기의 원리**

받침점이 가운데 있을 때

- 무게가 같은 물체로 수평을 잡으려면 각각의 물체를 받침점으로부터 같은 거리에 놓으면 됩니다.
- 무게가 다른 물체로 수평을 잡으려면 무거운 물체를 가벼운 물체보다 받침점에 더 가까이 놓으면 됩니다.

## STEP 2

정답

A: 40, B: 55, C: 70

풀이

무게 중심과 수평잡기의 원리를 이용하여 해결하는 문제입니다. 받침점으로부터 떨어진 거리에 따라 물체가 가하는 힘이 달라지는 것을 이용해야 합니다.

배가 균형을 유지하기 위해서는 2가지 조건이 모두 만족되어야 합니다.

첫째, 세로축을 기준으로 왼쪽 편의 몸무게의 합과 오른쪽 편의 몸무게의 합이 같아야 합니다.

둘째, 가로축을 기준으로 위쪽의 몸무게의 합과 아래쪽의 몸무게의 합이 같아야 합니다.

즉, 네 블록의 각각의 몸무게의 합이 모두 같다는 것을 알 수 있습니다.

한편, 물체가 무게 중심에서 거리가 멀어질수록, 무게 중심에 가하는 힘이 커집니다. 무게 중심에서 2칸 떨어져 있는 몸무게가 40 kg인 손님과 1칸 떨어져 있는 몸무게가 80 kg인의 손님이 무게 중심에 가하는 힘은 같습니다. 즉, (몸무게)×(무게 중심에서 떨어진 거리)가 손님이 무게 중심에 가하는 힘이라는 것을 유추할 수 있습니다.

파란색 블록의 무게는 $A\times4+40\times3+65\times2$

보라색 블록의 무게는 $50\times4+B\times3+45\times1$

주황색 블록의 무게는 $20\times4+45\times3+C\times2+55\times1$

초록색 블록의 무게는 $60\times3+75\times2+80\times1$

입니다.

이때 모든 손님의 몸무게가 다 주어진 초록색 블록의 몸무게의 합을 구하면 410 kg입니다.

즉, 각각의 블록의 몸무게의 합이 410 kg이 되어야 하므로 조건을 모두 만족하는 손님을 배치하면 몸무게는 아래와 같습니다.

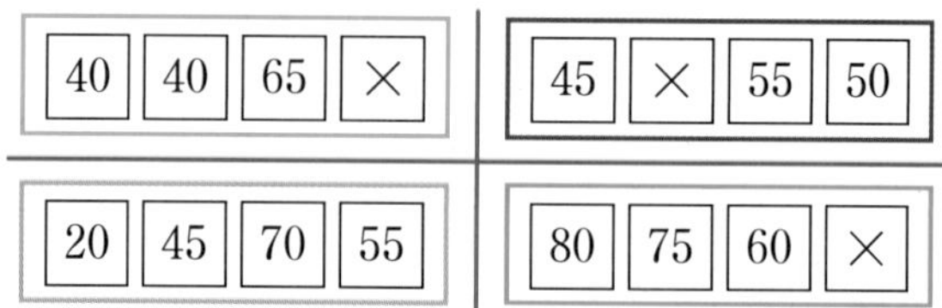

| 40 | 40 | 65 | × | 45 | × | 55 | 50 |
|---|---|---|---|---|---|---|---|
| 20 | 45 | 70 | 55 | 80 | 75 | 60 | × |

따라서 들어갈 알맞은 수를 차례로 구하면 A는 40, B는 55, C는 70입니다.

# 06 규칙과 변수

규칙따라 요리조리

## STEP 1

정답

We are BEAUTIFUL and YOUNG

풀이

❶: letter.소문자화.("Are") → are

❷: letter.대문자화.("Beautiful") → BEAUTIFUL

❸: letter.제거하기.("So") → So 지우기

❹: letter.덧붙이기.("and") → 맨 끝에 and 붙이기

❺: letter.바꾸기.("You","We")
→ You를 We로 바꾸기

❻: letter.덧붙이기.("YOUNG")
→ 맨 끝에 YOUNG 붙이기

❶~❻의 순서대로 리스트를 수정하면 "We are BEAUTIFUL and YOUNG"이라는 문장이 완성됩니다.

## STEP 2

**정답**

0. 바나나, 1. 사과, 2. 복숭아, 3. 딸기

**해설**

코코가 과일 리스트에서 0번이 딸기라고 한 진술이 참이라면 민수의 진술 중 0번이 사과라는 진술은 거짓이 되고, 3번이 딸기라는 진술이 참이 됩니다. 이때 0번과 3번이 모두 딸기가 되어 오류가 생깁니다. 즉, 코코가 0번이 딸기라고 한 진술은 거짓이 됩니다. 따라서 코코의 진술 중 참인 진술은 2번이 복숭아라고 한 것입니다.

위와 같은 방법으로 퐁퐁, 하라, 현진이의 진술의 참, 거짓을 구한 후, 표로 나타내면 다음과 같습니다.

| 과일 / 순서 | 딸기 | 사과 | 복숭아 | 바나나 |
|---|---|---|---|---|
| 0 | × | × | × | ○ |
| 1 | × | ○ | × | × |
| 2 | × | × | ○ | × |
| 3 | ○ | × | × | × |

따라서 과일 리스트를 올바른 순서로 나열하면 0. 바나나, 1. 사과, 2. 복숭아, 3. 딸기입니다.

# 07 규칙따라 모양따라 패턴과 디자인

## STEP 1

**정답**

또는

**해설**

에 '패턴 1 → 패턴 4 → 패턴 3 → 패턴 2'의 순서로 패턴을 적용하여 커튼을 꾸밀 때, 다음과 같은 2종류의 디자인이 나올 수 있습니다.

| 시작 | | |
|---|---|---|
| 패턴 1 | | |
| 패턴 4 | | |
| 패턴 3 | | |
| 패턴 2 | | |

## STEP 2

**정답**

B, D

**해설**

과일이 변하는 패턴 이외에도 단이 올라갈 때마다 과일의 구성이 바뀌는 것을 고려해야 합니다. 단이 바뀔 때 과일의 구성은 맨 앞 과일이 맨 뒤로 이동하는 규칙입니다.

A는 에서 시작하여, '패턴 3 → 패턴 2'를 적용한 디자인입니다.

B는 나올 수 없는 디자인입니다. 체리와 포도가 바로 붙어 있는 경우는 어떤 패턴을 적용해도 체리는 포도의 왼편에 위치하게 됩니다. 하지만 B 과일의 구성은 포도의 오른편에 체리가 위치해 있습니다.

C는 에서 시작하여, '패턴 1 → 패턴 1 → 패턴 3'을 적용한 디자인입니다.

D의 1단의 디자인은 에서 시작하여, '패턴 2 → 패턴 4 → 패턴 1 → 패턴 3'을 적용한 디자인입니다. 그러나 2단으로 이동할 때, 맨 앞의 과일이 맨 뒤로 이동한 것이 아니라, 맨 뒤의 과일이 맨 앞으로 이동하였습니다. 따라서 [규칙 4]에 어긋나므로 나올 수 없는 디자인입니다.

따라서 마지막 단계에서 나올 수 없는 디자인을 모두 찾으면 B, D입니다.

# 08 규칙따라 모양따라 패턴과 레이어

## STEP 1

**정답**

믐, 를

**해설**

점대칭 도형이 되는 글자를 찾는 문제입니다.
한 점을 중심으로 180° 돌렸을 때, 글자들의 모양은 아래와 같습니다.

따라서 그 모양이 돌리기 전과 완전히 포개어지는 글자는 '믐'과 '를'입니다.

**더 알아보기**

» **점대칭 도형**
한 도형을 어떤 점을 중심으로 180° 돌렸을 때 처음 도형과 완전히 겹쳐지면 이 도형을 점대칭 도형이라고 합니다. 그리고 이 한 점을 대칭의 중심이라고 합니다.

## STEP 2

**정답**

A.

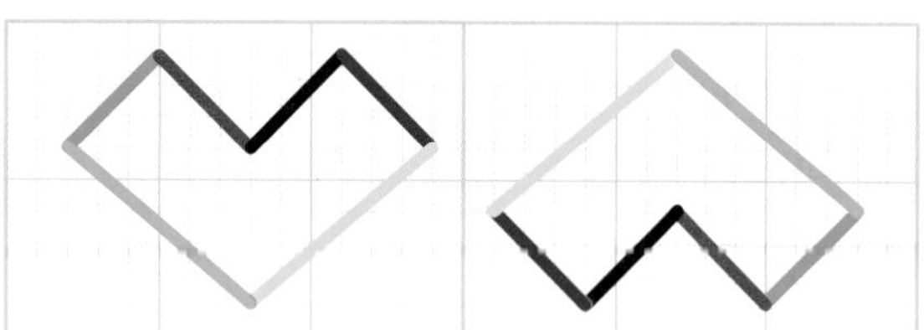

B.

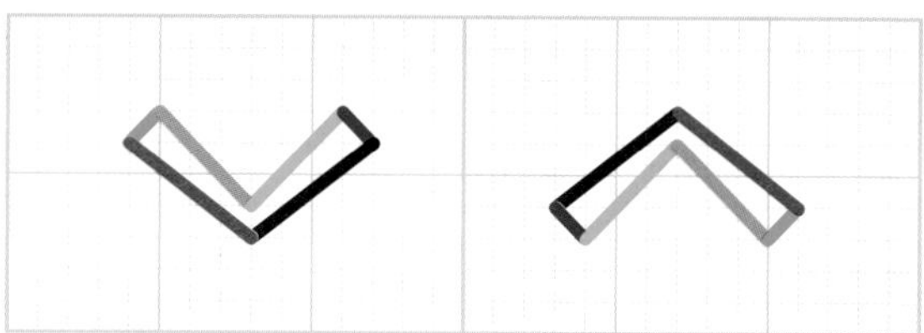

C.

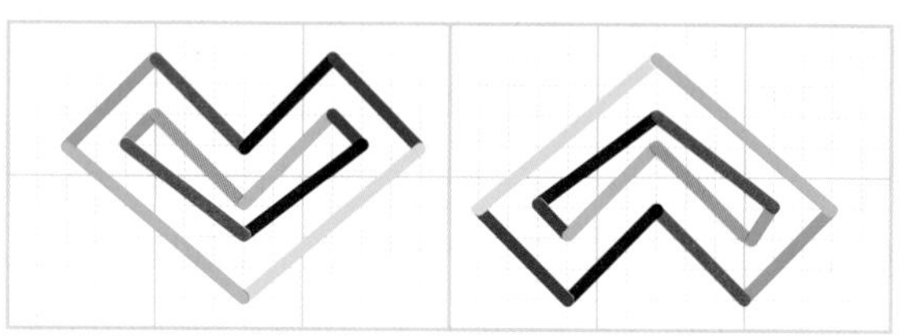

**해설**

A, B는 빨간선 위의 중앙에 있는 점을 중심으로 180° 돌렸을 때, 양쪽에 있는 도형이 완전히 포개어지는 점대칭 위치에 있는 도형입니다. 그리고 이미지 A, B를 겹쳐서 C에 모두 나타내면 A와 B가 병합되며 최종 이미지가 완성됩니다.

## 정리 시간

**1.**

**2.**

〈예시답안〉

(1) 규칙에 대해 내가 알고 있던 것

- 규칙이란 사람들끼리 지키기로 약속한 것입니다.
- =의 양 옆에는 서로 같은 값을 두는 것도 규칙입니다.

(2) 규칙에 대해 내가 새롭게 알게 된 것

- 수평을 잡는 데도 일정한 규칙이 있다는 것을 알게 되었습니다.

- 디자인 패턴에도 규칙이 숨어 있다는 것을 알게 되었습니다.
- 180° 돌렸을 때 모양이 똑같아지는 글자들이 있다는 것을 알게 되었습니다.

(3) 규칙에 대해 내가 더 알고 싶은 것

- 로봇은 어떤 규칙을 따르는지 알고 싶습니다.
- 생활 속에 숨어 있는 다양한 수학적인 규칙들을 더 찾아보고 싶습니다.

**해설**

2단원을 학습하는 과정에서 배운 내용을 스스로 확인해 보는 문제입니다. 예시답안 이외에도 다양한 답안이 나올 수 있습니다.

# 3 알고리즘이 쑥쑥

## 01 알고리즘 표현하기: 알고리즘과 자연어

### STEP 1

**정답**

〈예시답안〉

| 1단계. 자판기에 1000원짜리 지폐를 넣는다. |
|---|
| 2단계. 선택할 수 있는 음료수 버튼에 불이 들어 온다. |
| 3단계. 원하는 음료수 버튼을 누른다. |
| 4단계. 선택된 음료수가 배출구로 떨어진다. |
| 5단계. 배출구에서 음료수를 꺼낸다. |
| 6단계. 음료수를 마신다. |

**해설**

자판기에서 음료수를 선택하여 마시는 과정을 세분화해 해결하는 문제입니다. 가장 기본적으로 생각할 수 있는 단계는 지폐를 넣고, 버튼을 누르고, 음료수를 꺼내어 마시는 것입니다.

각 단계를 조금 더 세분화하면 투입한 돈으로 선택할 수 있는 음료수가 표시가 되고, 음료수 버튼을 누르면 음료수가 자판기 배출구로 떨어지고, 떨어진 음료수를 꺼낸 후 음료수를 마시는 6단계로 나눌 수 있습니다.

### STEP 2

**정답**

〈방법 1〉

| ❶ 출발 |
|---|
| ❷ 벽에 닿을 때까지 앞으로 가기 |
| ❸ 왼쪽으로 90° 돌기 |
| ❹ 벽에 닿을 때까지 앞으로 가기 |
| ❺ 왼쪽으로 90° 돌기 |
| ❻ 벽에 닿을 때까지 앞으로 가기 |

| ⑦ 왼쪽으로 90° 돌기 |
| --- |
| ⑧ 목적지에 도착할 때까지 앞으로 가기 |
| ⑨ 도착 |

〈방법 2〉

| ❶ 출발 |
| --- |
| ❷ 벽에 닿을 때까지 앞으로 가기 |
| ❸ 벽에 닿으면 왼쪽으로 90° 돌기 |
| ❹ 목적지에 도착할 때까지 ❷와 ❸을 반복 |
| ❺ 도착 |

**해설**

로봇이 목적지에 도착할 때까지 앞으로 가고, 벽에 닿으면 왼쪽으로 90° 도는 과정을 반복합니다. 그 과정을 일일이 나열하는 것이 〈방법 1〉입니다.

반복을 사용해 〈방법 2〉처럼 간단하게 나타낼 수도 있습니다. 이때에는 왼쪽으로 90° 돌기, 앞으로 가기 등 무엇이 반복되는지 찾아야 합니다.

## 02 알고리즘 표현하기 알고리즘과 순서도

### STEP 1

**정답**

㉠: 원하는 음료수가 자판기에 있는가?

㉡: 투입한 금액으로 음료수를 살 수 있는가?

㉢: 음료수를 사고 남은 금액이 있는가? / 투입한 금액이 음료의 가격보다 더 많은가?

**해설**

자판기의 작동을 위한 알고리즘을 나타낸 순서도입니다. 마름모 속 ㉠, ㉡, ㉢에 들어갈 알맞은 질문을 알기 위해서는 각 질문에 따라 어떤 선택을 하게 되는지를 살펴보아야 합니다. 조건 ㉠을 만족하지 않을 경우 다른 자판기로 가서 다시 시도하므로 그 자판기에는 원하는 음료수가 없음을 알 수 있습니다. 조건 ㉡을 만족하지 않을 경우 동전 투입이 반복되므로 투입한 동전이 충분하지 않다는 것을 알 수 있습니다. 조건 ㉢을 만족하지 않을 경우 거스름돈을 받는 과정이 생략되므로 투입한 금액과 음료수의 가격을 비교하는 것임을 알 수 있습니다.

### STEP 2

**정답**

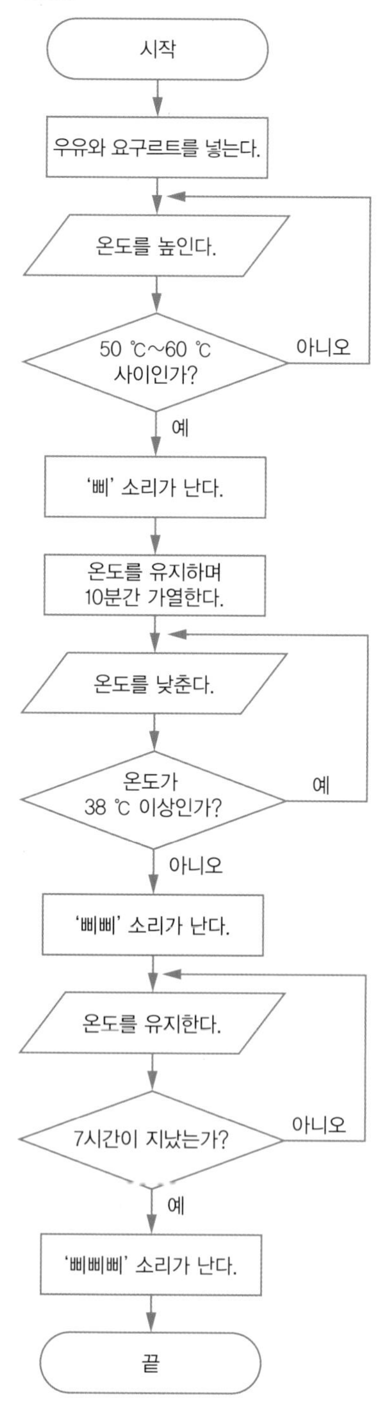

**해설**

만들고자 하는 알고리즘의 조건을 아는 것이 문제 해결의 핵심입니다.

50 ℃~60 ℃의 온도를 유지하는 것, 온도를 38 ℃로 만드는 것, 7시간을 유지하는 것 등이 조건이 될 수 있습니다. 요거트를 만드는 과정을 순서대로 나타낸 후 이러한 조건들을 순서도에 포함시킵니다.

## 03 알고리즘을 따라가요 알고리즘과 수

### STEP 1

**정답**

| | |
|---|---|
| 12 | 12 → 6 → 3 → 10 → 5 → 16 → 8 → 4 → 2 → 1 |
| 22 | 22 → 11 → 34 → 17 → 52 → 26 → 13 → 40 → 20 → 10 → 5 → 16 → 8 → 4 → 2 → 1 |
| 46 | 46 → 23 → 70 → 35 → 106 → 53 → 160 → 80 → 40 → 20 → 10 → 5 → 16 → 8 → 4 → 2 → 1 |

**해설**

우박수의 규칙을 적용할 수 있는지 묻는 문제입니다. 짝수이면 2로 나누고, 홀수이면 3을 곱한 후 1을 더하는 과정을 반복합니다. 특히, 홀수일 때 3을 곱하고 1을 더하는 과정은 짝수를 만드는 과정이며, 마지막에 세 수 모두 '10 → 5 → 16 → 8 → 4 → 2 → 1'이 나오는 것을 확인할 수 있습니다.

### STEP 2

**정답**

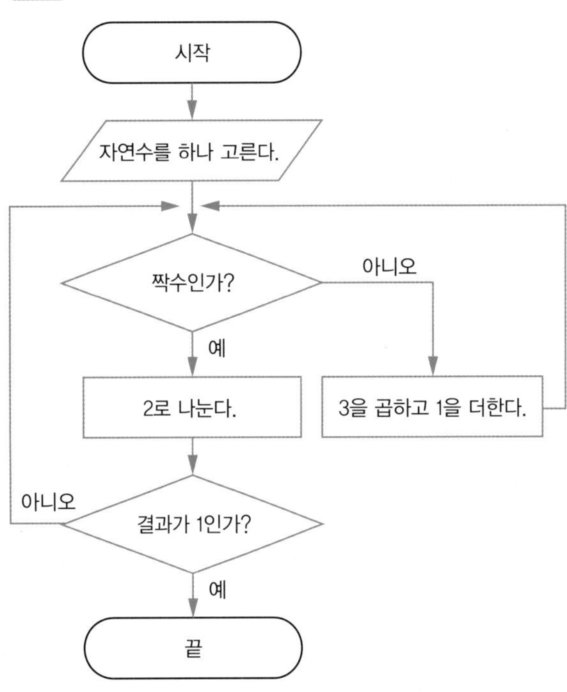


**해설**

우박수의 [규칙]을 순서도로 표현할 수 있는지를 묻는 문제입니다. 짝수인지 홀수인지에 따라 다른 연산이 이루어지므로 이를 조건에 넣어야 합니다. 마지막 결괏값이 1이 되어야만 우박수의 연산이 끝나므로 마지막 조건으로 넣을 수 있습니다.

## 04 알고리즘 표현하기 알고리즘과 의사코드

### STEP 1

**정답**

| 년도 | 평년 / 윤년 | 년도 | 평년 / 윤년 |
|---|---|---|---|
| 1992년 | 윤년 | 2021년 | 평년 |
| 2010년 | 평년 | 2100년 | 평년 |
| 2000년 | 윤년 | 2400년 | 윤년 |

**해설**

주어진 의사코드를 해석하면 다음과 같습니다.

> 만약 연도가 400의 배수이면 윤년이다.
> 만약 연도가 400의 배수는 아니지만 100의 배수이면 평년이다.
> 만약 연도가 400과 100의 배수는 아니지만 4의 배수이면 윤년이다.
> 만약 연도가 4의 배수가 아니면 평년이다.

따라서 1992년은 400과 100의 배수는 아니지만 4의 배수이므로 윤년, 2010년은 4의 배수가 아니므로 평년입니다. 2000년은 400의 배수이므로 윤년, 2021년은 4의 배수가 아니므로 평년입니다. 2100년은 400의 배수는 아니지만 100의 배수이므로 평년, 2400년은 400의 배수이므로 윤년입니다.

## STEP 2

**정답**

㉠: 1번부터 $(n-1)$번까지의 구슬을 B축에서 C축으로 이동

구슬을 옮긴 횟수: 127번

**풀이**

(i) $n=1$일 때

구슬이 1개뿐이므로 하나의 구슬을 A축에서 C축으로 옮기면 됩니다.

(ii) $n=2$일 때

1번 구슬을 먼저 A축에서 B축으로 옮기고, 2번 구슬을 A축에서 C축으로 옮깁니다. 그 후, 1번 구슬을 다시 B축에서 C축으로 옮기면 됩니다. 즉 $n=2$일 때, 구슬을 옮긴 횟수는 3번입니다.

(iii) $n=3$일 때

1번 구슬을 A축에서 C축으로 옮기고, 2번 구슬을 A축에서 B축으로 옮긴 후 다시 1번 구슬을 C축에서 B축으로 옮깁니다. 그리고 나서 3번 구슬을 A축에서 C축으로 옮깁니다. B축에 있던 1번, 2번 구슬 두 개를 B축에서 C축으로 옮기면 됩니다.

이때, 구슬 두 개를 옮기는 것은 $n=2$일 때이므로 옮기는 횟수는 3번입니다.

따라서 $n=3$일 때 구슬을 옮기는 횟수는 총 $3+1+3=7$ (번)입니다.

(iii) $n=4$일 때

1번, 2번, 3번 구슬을 A축에서 B축로 옮기고, 4번 구슬을 A축에서 C축으로 옮긴 후, B축에 있던 세 개의 구슬을 B축에서 C축으로 옮기면 됩니다.

이때, 구슬 세 개를 옮기는 것은 $n=3$일 때이므로 옮기는 횟수는 7번입니다.

따라서 $n=4$일 때 구슬을 옮기는 횟수는 총 $7+1+7=15$ (번)입니다.

마찬가지 방법으로 하면

$n=5$일 때, $15+1+15=31$ (번)

$n=6$일 때, $31+1+31=63$ (번)

$n=7$일 때, $63+1+63=127$ (번)

따라서 ㉠에 들어갈 알맞은 문장은 '1번부터 $(n-1)$번까지 구슬 $(n-1)$개를 B축에서 C축으로 이동'이고, 구슬을 옮긴 횟수는 127번입니다.

# 05 빠르게 찾기 탐색과 알고리즘

## STEP 1

**정답**

4개

**해설**

15개의 데이터 중에서 중간에 있는 값과 8의 크기를 비교해야 합니다.

15개의 데이터의 중간에 있는 값은 8번째에 있는 18입니다.

| 1 | 2 | 4 | 6 | 8 | 13 | 16 | 18 | 20 | 21 | 25 | 48 | 57 | 59 | 65 |
|---|---|---|---|---|---|---|---|---|---|---|---|---|---|---|

8은 18보다 작으므로 18의 왼쪽편에 있는 데이터를 선택합니다.

7개의 데이터의 중간에 있는 값은 4번째에 있는 6입니다.

| 1 | 2 | 4 | 6 | 8 | 13 | 16 |
|---|---|---|---|---|---|---|

8은 6보다 크므로 6의 오른편에 있는 데이터를 선택합니다.

3개의 데이터의 중간에 있는 값은 2번째에 있는 13입니다.

| 8 | 13 | 16 |
|---|---|---|

8은 13보다 작으므로 왼쪽편에 있는 데이터를 선택합니다.

마지막으로 자기 자신인 8과 비교하면 이진탐색의 과정이 끝입니다.

따라서 8을 찾기까지 8을 포함하여 18, 6, 13, 8의 4개의 수와 비교해야 합니다.

## STEP 2

정답

3개

해설

이진탐색이란 자료가 정렬되어 있는 상태에서 원하는 값을 찾아내는 알고리즘이며, 이진탐색 트리는 이를 트리 형태로 나타낸 것입니다.

먼저 23개의 자료를 중간에 있는 값인 32를 기준으로 하여 반으로 나눕니다. 61과 비교하면 32<61이므로 원하는 값인 61은 32의 오른쪽 부분에 속합니다. 48을 기준으로 하여 48이 속한 자료를 반으로 나눕니다. 61과 비교하면 48<61이므로 원하는 값인 61은 48의 오른쪽 부분에 속합니다. 61을 기준으로 하여 반으로 나눈 후 61과 비교하면 61=61입니다.

따라서 61을 찾기까지 61을 포함하여 32, 48, 61의 3개의 수와 비교해야 합니다.

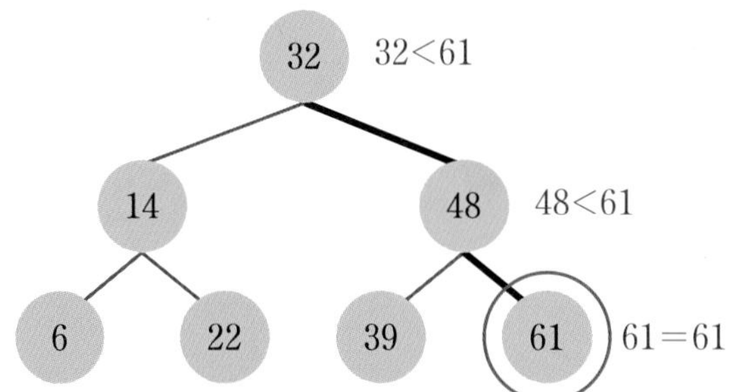


# 06 전략 알아보기 게임과 알고리즘

## STEP 1

정답

〈예시답안〉

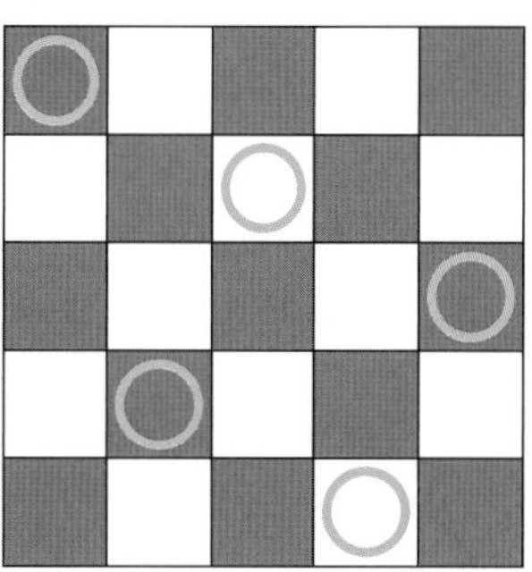

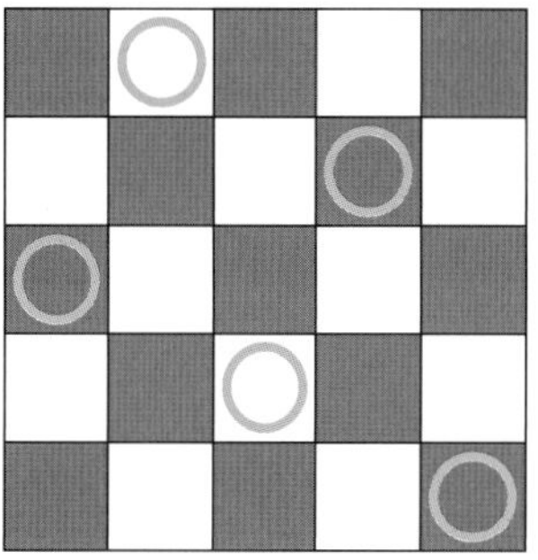

이외에도 다양한 방법으로 나타낼 수 있으며, 여왕말끼리 서로 위협하지 않으면 모두 정답입니다.

해설

여왕말을 하나 놓고 다른 여왕말을 놓을 수 없는 구역을 표시해 가면서 5개의 자리를 찾습니다. 예를 들어, 첫 줄에 다음과 같이 여왕말을 놓으면 다음 ×표를 한 칸에는 여왕말을 놓을 수 없습니다.

다음 2번째 줄의 빈 칸 중에 가능한 칸 하나를 선택한 후 여왕말을 놓으면 다음 ×표를 한 칸에는 여왕말을

놓을 수 없습니다.

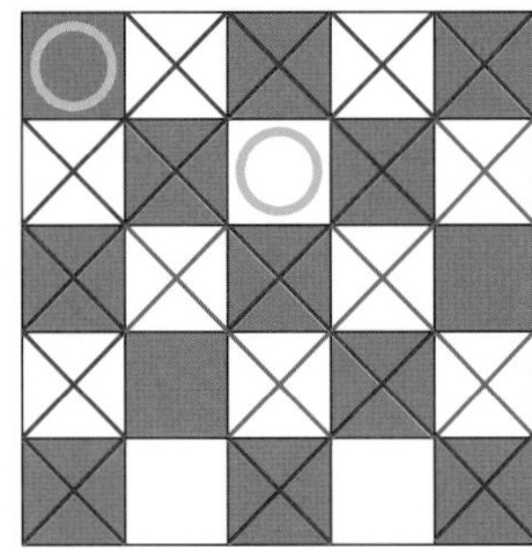

다음 3번째 줄의 빈 칸 중에 가능한 칸 하나를 선택한 후 여왕말을 놓으면 다음 ×표를 한 칸에는 여왕말을 놓을 수 없습니다.

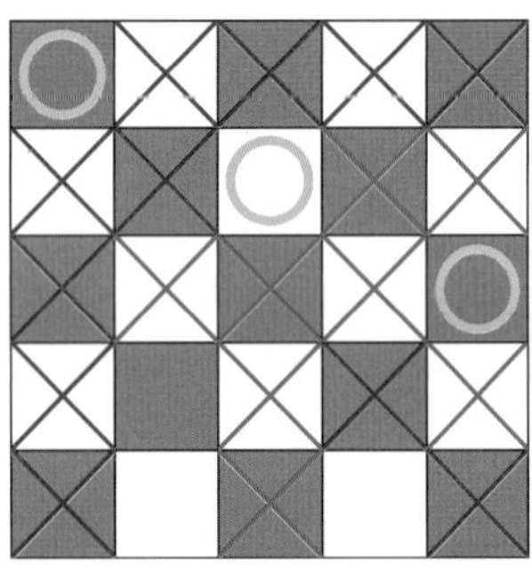

다음 4번째 줄의 빈 칸 중에 가능한 칸 하나를 선택한 후 여왕말을 놓으면 다음 ×표를 한 칸에는 여왕말을 놓을 수 없습니다.

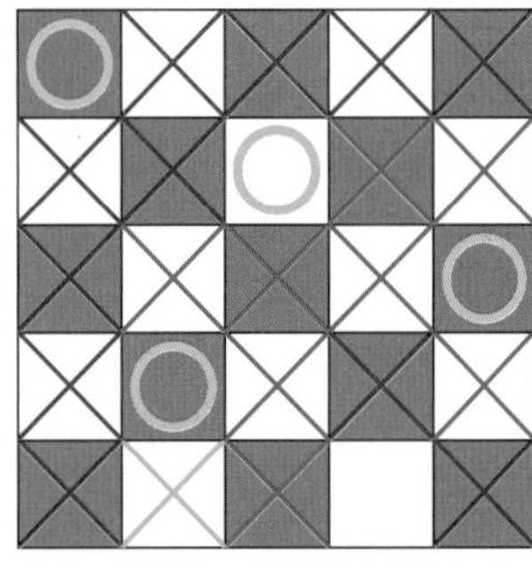

다음 5번째 줄의 빈 칸 중에 가능한 칸 하나를 선택한 후 여왕말을 놓습니다.

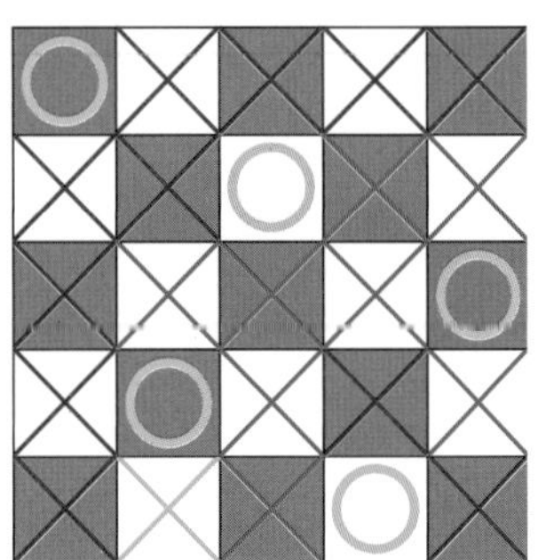

## STEP 2

정답

〈예시답안〉

[그래프]

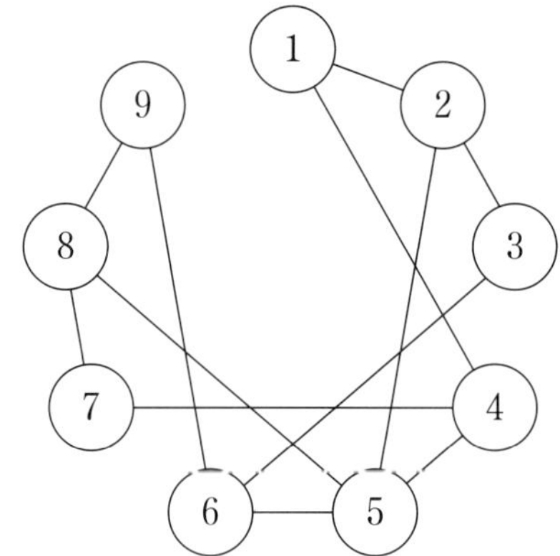


[트리]

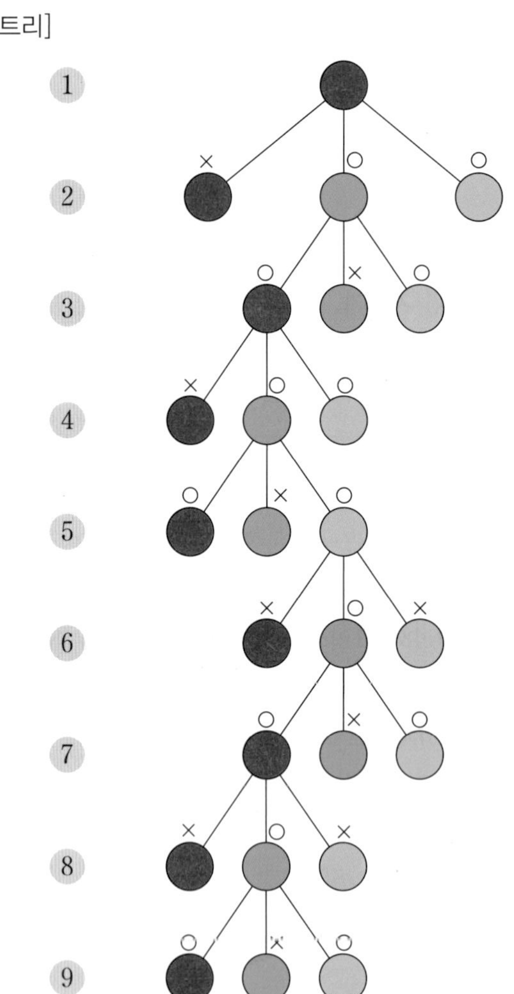

[완성]

| 1 | 2 | 3 |
|---|---|---|
| 4 | 5 | 6 |
| 7 | 8 | 9 |

**해설**

[그래프]

9개의 칸 사이의 관계를 파악하여 그래프로 나타냅니다. 예를 들어, 1번 칸과 이웃한 2번 칸, 4번 칸을 선으로 잇습니다.

2번 칸은 1번, 3번, 5번 칸과 이웃해 있으므로 선으로 잇습니다.

마찬가지 방법으로 1번 칸부터 9번 칸을 선으로 잇습니다.

[트리]

1번 칸의 색을 하나 정한 후, 나머지 칸의 가능한 색을 가지치기해 나가며 선택합니다.

예를 들어, 1번 칸을 빨간색으로 선택할 경우, 2번 칸은 빨간색을 제외한 파란색과 초록색이 가능하고 그중에서 하나를 선택하면 됩니다. 만약, 2번 칸을 파란색으로 선택하면 3번 칸은 빨간색과 초록색이 가능합니다.

마찬가지 방법으로 각 칸마다 가능한 색을 가지치기해 선택합니다.

[완성]

트리에서 선택한 색으로 각 칸을 칠하면 완성이 됩니다. 이외에도 다양한 방법으로 나타낼 수 있으며, 각 칸과의 관계를 바르게 나타낸 그래프와 트리, 완성이면 모두 정답입니다.

# 07 비교하여 나열하기 선택정렬과 알고리즘

## STEP 1

**정답**

5번

**해설**

선택정렬은 데이터들 중에서 최솟값을 찾아 가장 앞에 놓인 값과 자리를 바꿔 나가는 방식입니다. 이러한 선택정렬의 과정을 표를 이용하여 해결하는 문제입니다.

| 데이터 | | | | | | 비교 | 교환 |
|---|---|---|---|---|---|---|---|
| 10 | 7 | 4 | 6 | 11 | 9 | | |
| | | | | | | (10, 7) | |
| | | | | | | (7, 4) | |
| | | | | | | (4, 6) | |
| | | | | | | (4, 11) | |
| | | | | | | (4, 9) | |
| | | | | | | | (10 ↔ 4) |
| 4 | 7 | 10 | 6 | 11 | 9 | | |
| | | | | | | (7, 10) | |
| | | | | | | (7, 6) | |
| | | | | | | (6, 11) | |
| | | | | | | (6, 9) | |
| | | | | | | | (7 ↔ 6) |
| 4 | 6 | 10 | 7 | 11 | 9 | | |
| | | | | | | (10, 7) | |
| | | | | | | (7, 11) | |
| | | | | | | (7, 9) | |
| | | | | | | | (10 ↔ 7) |
| 4 | 6 | 7 | 10 | 11 | 9 | | |
| | | | | | | (10, 11) | |
| | | | | | | (10, 9) | |
| | | | | | | | (10 ↔ 9) |
| 4 | 6 | 7 | 9 | 11 | 10 | | |
| | | | | | | (11, 10) | |
| | | | | | | | (11 ↔ 10) |
| 4 | 6 | 7 | 9 | 10 | 11 | | |

## STEP 2

**정답**

6번

**해설**

선택정렬의 과정을 모두 나열하여 구할 수도 있지만 데이터의 수가 많을 때에는 시간이 많이 걸리고 복잡합니다. 하지만 정렬 과정에서 필요한 비교와 교환의 횟수는 구하는 규칙을 찾으면 쉽게 해결할 수 있습니다.

$n$개의 데이터가 있을 때

첫 번째에서는 순서대로 $(n-1)$번의 비교를 하고 가장 작은 값을 맨 앞자리로 이동합니다.

두 번째에서는 가장 작은 값을 제외하고 $(n-1)$개의 데이터에서 순서대로 $(n-2)$번의 비교를 하고 그중에서 가장 작은 값을 앞으로 이동합니다.

마찬가지 방법으로 계속하여 비교를 한 후, 마지막으로 2개의 데이터가 남았을 때 1번의 비교를 하면 모든 데이터를 오름차순으로 정렬할 수 있습니다.

따라서 비교 횟수는

$(n-1)+(n-2)+\cdots+3+2+1$

입니다.

즉, 8개의 데이터의 비교 횟수는

$7+6+5+4+3+2+1=28$ (번)입니다.

교환의 과정을 간단히 나타내면 다음과 같습니다.

| | | | | | | | | |
|---|---|---|---|---|---|---|---|---|
| 5 | 3 | 8 | 10 | 7 | 11 | 4 | 20 | |
| 3 | 5 | 8 | 10 | 7 | 11 | 4 | 20 | (5 ↔ 3) |
| 3 | 4 | 8 | 10 | 7 | 11 | 5 | 20 | (5 ↔ 4) |
| 3 | 4 | 5 | 10 | 7 | 11 | 8 | 20 | (8 ↔ 5) |
| 3 | 4 | 5 | 7 | 10 | 11 | 8 | 20 | (10 ↔ 7) |
| 3 | 4 | 5 | 7 | 8 | 11 | 10 | 20 | (10 ↔ 8) |
| 3 | 4 | 5 | 7 | 8 | 10 | 11 | 20 | (11 ↔ 10) |

따라서 6번의 교환을 해야 합니다.

# 08 버블정렬과 알고리즘

비교하여 나열하기

## STEP 1

**정답**

7번

**해설**

버블정렬의 과정을 표를 이용하여 해결하는 문제입니다.

| 데이터 | | | | | | 비교 | 교환 |
|---|---|---|---|---|---|---|---|
| 10 | 7 | 4 | 6 | 11 | 9 | | |
| | | | | | | (10, 7) | |
| | | | | | | | (10 ↔ 7) |
| 7 | 10 | 4 | 6 | 11 | 9 | | |
| | | | | | | (10, 4) | |
| | | | | | | | (10 ↔ 4) |
| 7 | 4 | 10 | 6 | 11 | 9 | | |
| | | | | | | (10, 6) | |
| | | | | | | | (10 ↔ 6) |
| 7 | 4 | 6 | 10 | 11 | 9 | | |
| | | | | | | (10, 11) | |
| | | | | | | | 없음 |
| 7 | 4 | 6 | 10 | 11 | 9 | | |
| | | | | | | (11, 9) | |
| | | | | | | | (11 ↔ 9) |
| 7 | 4 | 6 | 10 | 9 | 11 | | |
| | | | | | | (7, 4) | |
| | | | | | | | (7 ↔ 4) |
| 4 | 7 | 6 | 10 | 9 | 11 | | |
| | | | | | | (7, 6) | |
| | | | | | | | (7 ↔ 6) |
| 4 | 6 | 7 | 10 | 9 | 11 | | |
| | | | | | | (7, 10) | |
| | | | | | | | 없음 |
| 4 | 6 | 7 | 10 | 9 | 11 | | |
| | | | | | | (10, 9) | |
| | | | | | | | (10 ↔ 9) |
| 4 | 6 | 7 | 9 | 10 | 11 | | |
| | | | | | | (4, 6) | |
| | | | | | | | 없음 |
| 4 | 6 | 7 | 9 | 10 | 11 | | |
| | | | | | | (6, 7) | |

| | | | | | | | 없음 |
|---|---|---|---|---|---|---|---|
| 4 | 6 | 7 | 9 | 10 | 11 | | |
| | | | | | | (7, 9) | |
| | | | | | | | 없음 |
| 4 | 6 | 7 | 9 | 10 | 11 | | |
| | | | | | | (4, 6) | |
| | | | | | | | 없음 |
| 4 | 6 | 7 | 9 | 10 | 11 | | |
| | | | | | | (6, 7) | |
| | | | | | | | 없음 |
| 4 | 6 | 7 | 9 | 10 | 11 | | |
| | | | | | | (4, 6) | |
| | | | | | | | 없음 |
| 4 | 6 | 7 | 9 | 10 | 11 | | |

## STEP 2

**정답**

$\frac{n(n-1)}{2}$ 번

**해설**

버블정렬은 데이터가 $n$개일 때 첫 번째에서는 $(n-1)$번 비교해야 합니다. 두 번째에서는 첫 번째에서 비교가 끝난 1개의 데이터를 제외한 $(n-1)$개의 데이터를 $(n-2)$번 비교해야 합니다.

마찬가지 방법으로 계속해서 비교할 때 $(n-1)$번째에서는 2개의 데이터가 남아있므로 1번 비교해야 하고, 이때 정렬이 완료됩니다.

따라서 완료될 때까지 일어나는 비교 횟수는 $\{(n-1)+(n-2)+\cdots+3+2+1\}$ 번입니다.

이때 $(n-1)+(n-2)+\cdots+3+2+1=\square$라고 하면

$$\begin{array}{rcccccccccl} & (n-1) & + & (n-2) & + \cdots + & 3 & + & 2 & + & 1 & =\square \\ + & 1 & + & 2 & + \cdots + & (n-3) & + & (n-2) & + & (n-1) & =\square \\ \hline & n & + & n & + \cdots + & n & + & n & + & n & =2\times\square \end{array}$$

에서 $n(n-1)=2\times\square$이므로

$\square=\frac{n(n-1)}{2}$ 입니다.

그러므로 버블정렬에서 정렬을 마칠 때까지 일어나는 비교 횟수는 $\frac{n(n-1)}{2}$ 번입니다.

## 정리 시간

**1.**

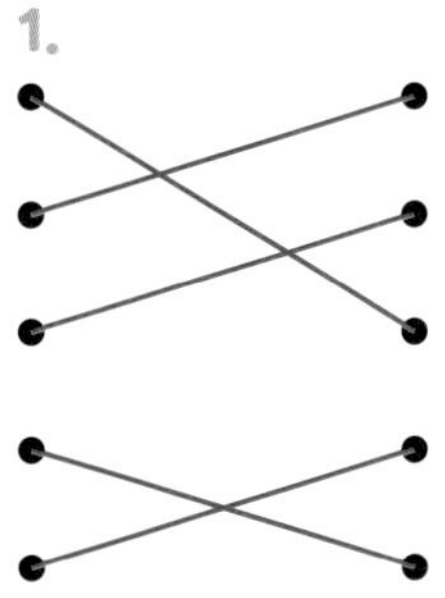

**2.**

〈예시답안〉

1. 출발
2. 앞으로 3칸 직진
3. 왼쪽으로 90° 회전
4. 앞으로 3칸 직진
5. 오른쪽으로 90° 회전
6. 앞으로 1칸 직진
7. 왼쪽으로 90° 회전
8. 앞으로 1칸 직진
9. 왼쪽으로 90° 회전
10. 앞으로 4칸 직진
11. 오른쪽으로 90° 회전
12. 앞으로 3칸 직진
13. 오른쪽으로 90° 회전
14. 앞으로 3칸 직진
15. 오른쪽으로 90° 회전
16. 앞으로 1칸 직진
17. 왼쪽으로 90° 회전
18. 앞으로 1칸 직진
19. 왼쪽으로 90° 회전
20. 앞으로 1칸 직진
21. 오른쪽으로 90° 회전
22. 앞으로 1칸 직진

㉓ 왼쪽으로 90° 회전
㉔ 앞으로 1칸 직진
㉕ 오른쪽으로 90° 회전
㉖ 앞으로 2칸 직진
㉗ 도착

# 4 나는야 데이터 탐정

## 01 오류를 찾아라! 오류와 디버깅

### STEP 1

**정답**

| 서울 | 9:00 | 12:00 | 15:00 | 17:00 | 20:00 |
|---|---|---|---|---|---|
| 워싱턴 D.C. | 20:00 | 23:00 | 2:00 | 4:00 | 7:00 |
| 상하이 | 7:00 | 10:00 | 13:00 | 15:00 | 18:00 |
| 베를린 | 2:00 | 5:00 | 8:00 | 10:00 | 13:00 |
| 런던 | 1:00 | 4:00 | 7:00 | 9:00 | 12:00 |

**해설**

워싱턴 D.C.의 경우 서울과 13시간 시간차가 생깁니다. 서울의 15:00와 13시간 시간차를 계산하면, 15−13=2로 서울이 15:00일 때 워싱턴 D.C.는 2:00이어야 합니다.

상하이의 경우 서울과 2시간 시간차가 생깁니다. 서울의 15:00와 2시간 시간차를 계산하면, 15−2=13으로 서울이 15:00일 때 상하이는 13:00이어야 합니다.

런던의 경우 서울과 8시간 시간차가 생깁니다. 서울의 20:00와 8시간 시간차를 계산하면, 20−8=12로 서울이 20:00일 때 런던은 12:00이어야 합니다.

**다른풀이**

각 도시의 시간차를 계산해 봅니다.

| 서울 | 9:00 | 12:00 | 15:00 | 17:00 | 20:00 |
|---|---|---|---|---|---|
| | 3시간 | 3시간 | 2시간 | 3시간 | |
| 워싱턴 D.C. | 20:00 | 23:00 | 1:00 | 4:00 | 7:00 |
| | 3시간 | 2시간 | 3시간 | 3시간 | |
| 상하이 | 7:00 | 10:00 | 14:00 | 15:00 | 18:00 |
| | 3시간 | 4시간 | 1시간 | 3시간 | |

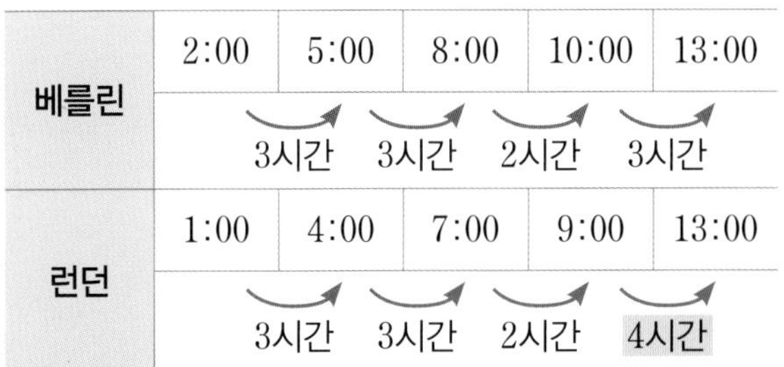

| 베를린 | 2:00 | 5:00 | 8:00 | 10:00 | 13:00 |
|---|---|---|---|---|---|
| | 3시간 | 3시간 | 2시간 | 3시간 | |
| 런던 | 1:00 | 4:00 | 7:00 | 9:00 | 13:00 |
| | 3시간 | 3시간 | 2시간 | 4시간 | |

이때 시간차가 다른 세 곳에서 오류가 발생한 것을 알 수 있습니다.

## STEP 2

**정답**

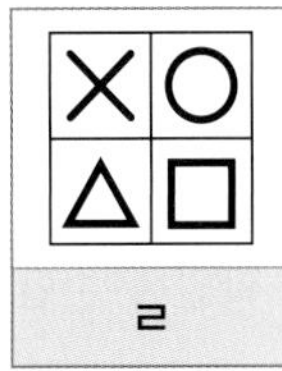


**해설**

[규칙 1], [규칙 3], [규칙 5]는 시계 방향으로 90° 돌리기를 한 것입니다.
[규칙 2], [규칙 4], [규칙 6]은 아래쪽으로 뒤집기를 한 것입니다.
즉, 시계 방향으로 90° 돌린 후 아래쪽으로 뒤집기를 반복하는 규칙입니다.

| 도형 | 규칙 1 | 규칙 2 | 규칙 3 |
|---|---|---|---|
| | | | |
| | ㄱ | ㄴ | ㄷ |
| | 규칙 4 | 규칙 5 | 규칙 6 |
| | | | |
| | ㄹ | ㅁ | ㅂ |

따라서 ㄱ~ㅂ 중에서 오류가 있는 곳은 ㄹ이고, 바르게 고치면 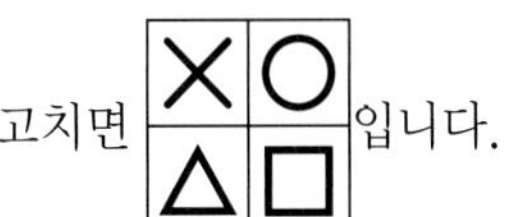 입니다.

# 02 오류 검출하기 오류와 패리티 비트

## STEP 1

**정답**

②, ④

**해설**

홀수 패리티 비트를 추가했으므로 1의 개수가 홀수가 되어야 오류가 없는 것입니다.
데이터 ②와 ④는 각각 1의 개수가 6개, 2개로 짝수입니다. 따라서 ②와 ④에 오류가 있음을 알 수 있습니다.

## STEP 2

**정답**

①

| 1 | 0 | 1 | 0 | 1 | 1 | 1 | 0 | 0 |
|---|---|---|---|---|---|---|---|---|
| 1 | 1 | 1 | 0 | 0 | 0 | 1 | 0 | 1 |
| 0 | 0 | 0 | 1 | 0 | 1 | 1 | 1 | 1 |
| 1 | 0 | 1 | 0 | 1 | 1 | 0 | 1 | 0 |
| 0 | 0 | 0 | 1 | 1 | 1 | 1 | 1 | 0 |
| 1 | 1 | 0 | 1 | 0 | 1 | 0 | 1 | 0 |
| 0 | 1 | 1 | 1 | 1 | 0 | 1 | 1 | 1 |
| 1 | 1 | 0 | 0 | 1 | 1 | 0 | 1 | 0 |
| 0 | 1 | 1 | 1 | 0 | 1 | 0 | 1 | 0 |

또는

②

| 1 | 0 | 1 | 0 | 1 | 1 | 1 | 0 | 0 |
|---|---|---|---|---|---|---|---|---|
| 1 | 1 | 1 | 0 | 0 | 0 | 1 | 0 | 1 |
| 0 | 0 | 0 | 1 | 0 | 1 | 1 | 1 | 1 |
| 1 | 0 | 1 | 0 | 1 | 1 | 0 | 1 | 0 |
| 1 | 0 | 0 | 1 | 1 | 1 | 1 | 0 | 0 |
| 1 | 1 | 0 | 1 | 0 | 1 | 0 | 1 | 0 |
| 0 | 1 | 1 | 1 | 1 | 0 | 1 | 1 | 1 |
| 0 | 1 | 0 | 0 | 1 | 1 | 0 | 0 | 0 |
| 0 | 1 | 1 | 1 | 0 | 1 | 0 | 1 | 0 |

**해설**

각각의 가로 행과 세로 열의 1의 개수가 홀수인지 짝수인지 확인한 후, 오류가 있는 가로 행과 세로 열이 만나는 곳의 데이터에서 오류가 있음을 알 수 있습니다. 다음 표와 같이 오류가 있으면 ○표를, 오류가 없으면 ×표를 합니다.

| 1 | 0 | 1 | 0 | 1 | 1 | 1 | 0 | 0 | × |
|---|---|---|---|---|---|---|---|---|---|
| 1 | 1 | 1 | 0 | 0 | 0 | 1 | 0 | 1 | × |
| 0 | 0 | 0 | 1 | 0 | 1 | 1 | 1 | 1 | × |
| 1 | 0 | 1 | 0 | 1 | 1 | 0 | 1 | 0 | × |
| 1 | 0 | 0 | 1 | 1 | 1 | 1 | 1 | 0 | ○ |
| 1 | 1 | 0 | 1 | 0 | 1 | 0 | 1 | 0 | × |
| 0 | 1 | 1 | 1 | 1 | 0 | 1 | 1 | 1 | × |
| 1 | 1 | 0 | 0 | 1 | 1 | 0 | 0 | 0 | ○ |
| 0 | 1 | 1 | 1 | 0 | 1 | 0 | 1 | 0 | |
| ○ | × | × | × | × | × | × | ○ | | |

이중에서 오류가 있는 행과 열이 서로 만나는 위치에 있는 데이터에서 오류가 발생했을 가능성이 높습니다.

| 1 | 0 | 1 | 0 | 1 | 1 | 1 | 0 | 0 | × |
|---|---|---|---|---|---|---|---|---|---|
| 1 | 1 | 1 | 0 | 0 | 0 | 1 | 0 | 1 | × |
| 0 | 0 | 0 | 1 | 0 | 1 | 1 | 1 | 1 | × |
| 1 | 0 | 1 | 0 | 1 | 1 | 0 | 1 | 0 | × |
| 1 | 0 | 0 | 1 | 1 | 1 | 1 | 1 | 0 | ○ |
| 1 | 1 | 0 | 1 | 0 | 1 | 0 | 1 | 0 | × |
| 0 | 1 | 1 | 1 | 1 | 0 | 1 | 1 | 1 | × |
| 1 | 1 | 0 | 0 | 1 | 1 | 0 | 0 | 0 | ○ |
| 1 | 1 | 1 | 1 | 0 | 1 | 0 | 1 | 0 | |
| ○ | × | × | × | × | × | × | ○ | | |

따라서 만나는 위치에 있는 숫자 1과 0을 정답 ① 또는 정답 ②와 같이 고치면 됩니다.

# 03 오류의 위치는? 오류와 해밍코드

## STEP 1

**정답**

| ㉠ | 0 | ㉡ | 1 |
|---|---|---|---|

**해설**

짝수 패리티로 해밍코드를 만들 수 있는지 묻는 문제입니다.

$P_2$는 2, 3, 6, 7번째 자리의 데이터 값을 확인해야 합니다. 따라서 $P_2$, 0, 1, 1이고, 1이 2개로 짝수이므로 짝수 패리티로 해밍코드를 만들기 위해 $P_2$는 0이어야 합니다.

$P_3$은 4, 5, 6, 7번째 자리의 데이터 값을 확인해야 합니다. 따라서 $P_3$, 1, 1, 1이고, 1이 3개로 홀수이므로 짝수 패리티로 해밍코드를 만들기 위해 $P_3$은 1이어야 합니다.

## STEP 2

**정답**

| ㉠ | 13 | ㉡ | 11001101101 |
|---|---|---|---|

**해설**

패리티 비트로 하나씩 확인해 보면 오류 데이터를 찾을 수 있습니다.

먼저 $P_1$은 1, 3, 5, 7, 9, 11, 13, 15번째 자리의 데이터 값을 확인해야 합니다. 이 데이터 값을 나열하면 01010111이고 1이 5개로 홀수이므로 오류가 있음을 알 수 있습니다.

$P_2$는 2, 3, 6, 7, 10, 11, 14, 15번째 자리의 데이터 값을 확인해야 합니다. 이 데이터 값을 나열하면 11111111이고 1이 8개로 짝수이므로 오류가 없음을 알 수 있습니다.

$P_3$은 4, 5, 6, 7, 12, 13, 14, 15번째 자리의 데이터 값

을 확인해야 합니다. 이 데이터 값을 나열하면 00110111이고 1이 5개로 홀수이므로 오류가 있음을 알 수 있습니다.

마지막으로 $P_4$는 8, 9, 10, 11, 12, 13, 14, 15번째 자리의 데이터 값을 확인해야 합니다. 이 데이터 값을 나열하면 00110111이고 1이 5개로 홀수이므로 오류가 있음을 알 수 있습니다.

이때 오류 가능성이 있는 자리에는 ○표를, 오류가 없는 자리에는 ×표를 하여 표로 나타내면 다음과 같습니다.

| | 1 | 2 | 3 | 4 | 5 | 6 | 7 | 8 | 9 | 10 | 11 | 12 | 13 | 14 | 15 |
|---|---|---|---|---|---|---|---|---|---|---|---|---|---|---|---|
| $P_1$ | ○ | | ○ | | ○ | | ○ | | ○ | | ○ | | ○ | | ○ |
| $P_2$ | | × | × | | | × | × | | | × | × | | | × | × |
| $P_3$ | | | | ○ | ○ | ○ | ○ | | | | | ○ | ○ | ○ | ○ |
| $P_4$ | | | | | | | | ○ | ○ | ○ | ○ | ○ | ○ | ○ | ○ |

따라서 오류 가능성이 있는 $P_1$, $P_3$, $P_4$에서 공통적으로 ×표된 13, 15번째 자리 중에서 오류가 있습니다. 이때 15번째 자리는 오류가 없는 $P_2$가 있으므로 이 자리에서는 오류가 발생하지 않았습니다. 즉, 13번째 자리에서 오류가 발생한 것이므로 이를 바르게 수정하여 나열하면 원래의 데이터는 11001101101입니다.

## 04 오류를 찾아라! 오류와 체크섬

### STEP 1

**정답**

④, 20 → 21

**해설**

합계(체크섬)를 통해 데이터의 오류를 찾아내는 문제입니다.

먼저 세로 열의 합계를 하나씩 구하면 예술 분야의 도서의 합계는 16+15+20+15+9=75입니다. 이것은 합계 데이터 76과 다르므로 예술 분야의 도서에서 데이터가 잘못 반영되었습니다.

다음으로 가로 행의 합계를 하나씩 구하면 도서 제목 초성이 ㅅㅇㅈ의 도서의 합계는 6+6+14+20+2+5=53입니다. 이것은 합계 데이터 54와 다르므로 도서 제목 초성이 ㅅㅇㅈ의 도서에서 데이터가 잘못 반영되었습니다.

| 분야 / 제목 초성 | 철학, 종교 | 사회 과학 | 자연 과학, 기술 과학 | 예술 | 언어, 문학 | 역사 | 합계 |
|---|---|---|---|---|---|---|---|
| ㄱㄴㄷ | 10 | 28 | 30 | 16 | 8 | 6 | 98 |
| ㄹㅁㅂ | 5 | 17 | 25 | 15 | 16 | 23 | 101 |
| ㅅㅇㅈ | 6 | 6 | 14 | 20 | 2 | 5 | 54 |
| ㅊㅋㅌ | 3 | 13 | 5 | 15 | 4 | 8 | 48 |
| ㅍㅎ | 7 | 18 | 17 | 9 | 3 | 14 | 68 |
| 합계 | 31 | 82 | 91 | 76 | 33 | 56 | 368 |

따라서 두 조건이 겹치는 예술 분야의 도서 제목 초성이 ㅅㅇㅈ인 ④의 책에서 데이터가 잘못 반영되었습니다.

또한, 예술 분야의 도서의 합계와 도서 제목 초성이 ㅅㅇㅈ인 도서의 합계는 각각 주어진 합계 데이터보다 1이 작으므로 바르게 고치면 다음과 같습니다.

| 분야 / 제목 초성 | 철학, 종교 | 사회 과학 | 자연 과학, 기술 과학 | 예술 | 언어, 문학 | 역사 | 합계 |
|---|---|---|---|---|---|---|---|
| ㄱㄴㄷ | 10 | 28 | 30 | 16 | 8 | 6 | 98 |
| ㄹㅁㅂ | 5 | 17 | 25 | 15 | 16 | 23 | 101 |
| ㅅㅇㅈ | 6 | 6 | 14 | 21 | 2 | 5 | 54 |
| ㅊㅋㅌ | 3 | 13 | 5 | 15 | 4 | 8 | 48 |
| ㅍㅎ | 7 | 18 | 17 | 9 | 3 | 14 | 68 |
| 합계 | 31 | 82 | 91 | 76 | 33 | 56 | 369 |

## STEP 2

정답

오류가 없습니다.

풀이

문제의 [방법]대로 체크섬을 통한 오류를 판별할 수 있는지를 묻는 문제입니다.

❶ 전송하고자 하는 데이터를 서로 더합니다.

```
   10110111
 + 10010010
 ----------
  101001001
```

❷ ❶의 결과 중 제일 맨 앞의 데이터를 생략하고, 생략한 데이터와 맨 앞의 데이터를 서로 더합니다.

```
  X01001001
 +└──────►1
 ----------
   01001010
```

❸ ❷에서 구한 결과에서 0은 1로, 1은 0으로 바꿉니다. 이 결과는 체크섬입니다.

01001010 → 10110101

❹ 체크섬과 함께 데이터를 전송합니다.
상대방이 받을 데이터는 다음과 같습니다.

10110111
10010010
10110101(체크섬)

❺ 받은 데이터를 서로 더합니다.

```
   10110111
   10010010
 + 10110101
 ----------
  111111110
```

❻ ❺의 결과 중 제일 맨 앞의 데이터를 생략하고, 생략한 데이터와 맨 앞의 데이터를 서로 더하면 다음과 같습니다.

```
  X11111110
 +└──────►1
 ----------
   11111111
```

❼ ❻에서 구한 결과에서 0은 1로, 1은 0으로 바꿉니다.

11111111 → 00000000

❽ ❼의 결과가 모두 0이므로 이 데이터에는 오류가 없습니다.

# 05 일상 속 데이터 오류와 체크 숫자

## STEP 1

정답

잘못된 주민등록번호입니다.
주어진 주민등록번호의 12자리로 구한 체크 숫자는 6으로, 주민등록번호의 체크 숫자인 8과 일치하지 않습니다.

풀이

주민등록번호의 체크 숫자를 제외한 각 자리의 수에 순서대로 2, 3, 4, 5, 6, 7, 8, 9, 2, 3, 4, 5를 모두 곱한 후 더하면 다음과 같습니다.
$8\times2+6\times3+1\times4+2\times5+1\times6+9\times7+1\times8$
$+2\times9+1\times2+5\times3+3\times4+4\times5=192$
192를 11로 나누면 $192\div11=17\cdots5$입니다.
나머지는 5이므로 11에서 5를 빼면 6입니다.
따라서 이 주민등록번호의 체크 숫자인 8과 일치하지 않으므로 잘못된 주민등록번호입니다.

## STEP 2

정답

4

풀이

체크 숫자를 구하기 위해 먼저 짝수 번째 자리의 수에 3을 곱하고 그 결과와 홀수 번째 자리의 수를 모두 더하면 다음과 같습니다.
$7\times3+1\times3+2\times3+\square\times3+6\times3+6\times3$
$+9+9+1+5+9+0=99+3\times\square$

이때, 체크 숫자가 9이므로

10−{(99+3×□)의 일의 자리 수}=9

즉, (99+3×□)의 일의 자리 수가 1이 되어야 합니다.

이때 99의 일의 자리의 수는 9이므로 3×□의 일의 자리의 수는 2가 되어야 합니다.

따라서 □는 0부터 9 사이의 숫자이므로 3×□의 일의 자리의 수가 2가 되기 위해서 □는 4이어야 합니다.

## 06 데이터 학습하기 얼굴 인식과 분석

### STEP 1

정답

12가지

풀이

조건에 맞는 데이터의 조합을 찾아 경우의 수를 구하는 문제입니다.

〈기준 1〉에 따라 입 모양이 M2일 때, 눈썹 모양 B1, B2, B3과 눈 모양 E1, E2, E3은 모두 웃는 얼굴로 판단되므로 3×3=9 (가지)입니다.

〈기준 2〉에 따라 입 모양이 M3일 때, 눈썹 모양 B1, B2, B3과 눈 모양 E2가 웃는 얼굴로 판단되므로 3×1=3 (가지)입니다.

〈기준 3〉에 따라 입 모양이 M1일 때에는 어떤 눈 모양과 눈썹 모양이 함께 조합되더라도 웃는 얼굴이 아니라고 판단되어 집니다.

따라서 웃는 얼굴을 만족하는 데이터 값의 조합은 모두 9+3=12 (가지)입니다.

### STEP 2

정답

점 37과 41, 점 38과 40, 점 43과 47, 점 44와 46을 잇는 선의 길이가 매우 짧아진 상태이거나 이 점들이 서로 만난 경우 졸음 운전이라고 판단할 수 있습니다.

해설

얼굴을 점으로 인식한 데이터 중 눈의 데이터를 이용하여 졸음 운전인지 아닌지 판단해야 하는 문제입니다. 즉, 눈을 감고 있는지 뜨고 있는지를 확인해야 합니다. 이를 확인하기 위해서는 눈의 세로 길이가 줄어드는지 늘어나는지를 살펴보아야 합니다.

따라서 점 37과 41, 점 38과 40, 점 43과 47, 점 44와 46이 각각 서로 가까워져 일정 시간 가까운 상태로 유지되거나 이 점들이 서로 만나서 일정 시간 만난 상태로 유지된다면 눈을 감는 것이라고 판단할 수 있습니다. 즉, 졸음 운전이라고 판단할 수 있습니다.

## 07 데이터 표현하기 데이터와 시각화

### STEP 1

정답

해설

빈도수가 높은 온난화, 이산화 탄소, 환경, 기온, 재활용과 같은 단어는 크고 진하게, 빈도수가 높지 않은 단어들은 비교적 작고 연한 글씨로 나타냅니다.

### STEP 2

정답

〈예시답안〉

제목: ‘여름’을 주제로 한 워드 클라우드

| 키워드 | 빈도수 | 키워드 | 빈도수 |
|---|---|---|---|
| 수영장 | 12 | 팥빙수 | 4 |
| 폭염 | 11 | 선풍기 | 4 |
| 물놀이 | 10 | 방학 | 3 |
| 여행 | 9 | 부채 | 2 |
| 제주도 | 8 | 바베큐 | 2 |
| 에어컨 | 8 | 썬탠 | 1 |
| 장마 | 6 | 양산 | 1 |
| 반바지 | 5 | 여름방학 | 1 |
| 아이스크림 | 4 | 선글라스 | 1 |

## 08 데이터와 분석

데이터 분석하기

### STEP 1

**정답**

B 과자

**풀이**

1순위가 5점, 2순위가 3점, 3순위가 1점이므로 각각의 과자가 얻은 순위를 점수로 나타내어 구하면 됩니다.

A 과자의 경우 $4\times5+1\times3+4\times1=27$ (점),

B 과자의 경우 $3\times5+4\times3+2\times1=29$ (점),

C 과자의 경우 $3\times5+4\times3+1\times1=28$ (점)

입니다.

따라서 B 과자가 가장 높은 점수를 받았습니다.

### STEP 2

**정답**

| 구분 | 1순위 | 2순위 | 합계 |
|---|---|---|---|
| D 과자 | 6명 | 3명 | 39점 |
| E 과자 | 4명 | 5명 | 35점 |

**풀이**

각 순위의 득표수를 알지 못하므로 문자를 이용하여 식으로 나타내면 다음과 같습니다.

| 구분 | 1순위 | 2순위 | 합계 |
|---|---|---|---|
| D 과자 | □명 | △명 | 39점 |
| E 과자 | ★명 | ☆명 | 35점 |

D 과자의 경우 $5\times\square+3\times\triangle=39$ (점)

E 과자의 경우 $5\times\bigstar+3\times☆=35$ (점)입니다.

한편, 각 순위의 득표수는 자연수이므로 위의 식을 만족하는 경우를 다음과 같이 나타냅니다.

(□, △)=(3, 8), (6, 3) / (★, ☆)=(1, 10), (4, 5)

이때, 투표한 사람은 총 10명이므로

$(3, 8)=3+8=11$, $(1, 10)=1+10=11$

이 되어 성립하지 않습니다.

따라서 D 과자는 1순위가 6명, 2순위가 3명이며,

E 과자는 1순위가 4명, 2순위가 5명입니다.

## 정리 시간

1.

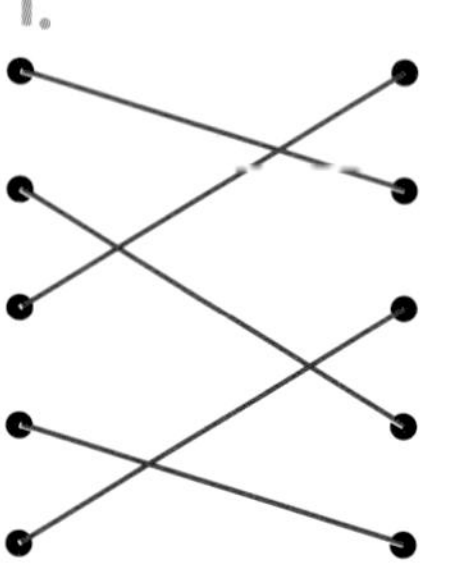

2.

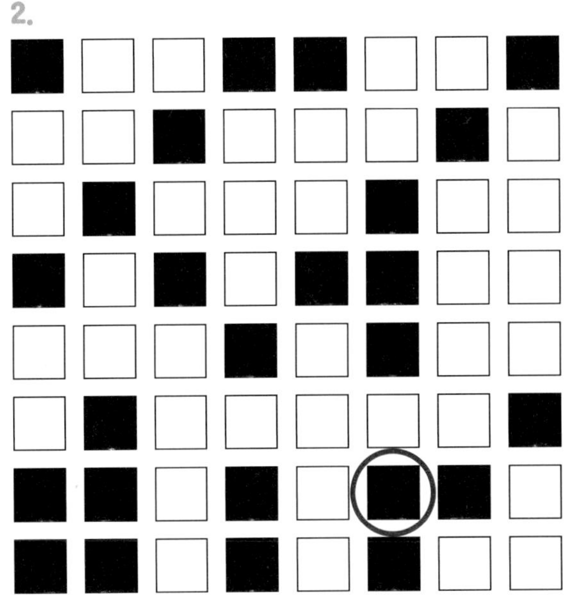

이유

동그라미 표시를 한 카드는 가로 행과 세로 열에서 검은색 카드(또는 흰색 카드)가 홀수 장인 행과 열이 만나는 위치에 있는 카드입니다.

**해설**

코코가 가로 행과 세로 열에 있는 흰색 카드와 검은색 카드가 각각 모두 짝수 장이 되도록 맞춰놨으므로 흰색, 검은색의 카드가 홀수 장인 행과 열을 찾으면 됩니다.
가로 7행은 (검은색, 검은색, 흰색, 검은색, 흰색, 검은색, 검은색, 흰색)으로 검은색 카드가 홀수 장이고, 세로 6열은 (흰색, 흰색, 검은색, 검은색, 검은색, 흰색, 검은색, 검은색)으로 검은색 카드가 역시 홀수 장입니다.
따라서 가로 7행과 세로 6열이 만나는 곳에 놓인 카드가 뒤집힌 카드입니다.

## 쉬는 시간

**Q**

정답은 이진법에 있습니다. 각 카드의 첫 번째 수는 이진수의 자릿값을 십진수로 나타낸 것을 의미합니다. 십진수 21을 이진수로 바꾸면 10101이므로 1이 있는 각 자릿값을 더하면 $1+4+16=21$입니다. 즉, A, C, E의 첫 번째 수의 합과 같습니다.

# 5 네트워크를 지켜줘

## 01 네트워크와 노선도

네트워크의 세계

### STEP 1

**정답**

②, ④

**해설**

버스 노선의 [규칙]을 발견하고, [규칙]을 적용한 681번 버스 노선이 지나갈 수 있는 구역을 찾아보는 문제입니다.
버스 번호 속에 그 버스가 지나가는 구역에 대한 [규칙]이 들어 있습니다.
첫 번째 번호는 출발 구역, 두 번째 번호는 도착 구역을 나타냅니다.(세 번째 번호는 동일한 출발, 도착 구역을 지나는 버스들을 구분하기 위한 용도입니다.)
버스 노선이 4개 이하의 구역을 지나가므로 출발 구역에서 도착 구역 사이 최대 2개의 구역이 존재할 수 있습니다.
681번 버스는 6구역에서 출발하여 8구역에 도착하는 버스입니다.

① 1, 2, 6구역은 서로 인접한 구역들이지만, 도착 구역인 8구역이 포함되어 있지 않으므로 681번 버스 노선이 될 수 없습니다.
② 6구역에서 출발하여 7구역을 지나 8구역에 도착하므로 681번 버스 노선이 될 수 있습니다.
③ 1, 6, 8구역은 출발 구역인 6구역과 도착 구역인 8구역이 포함되어 있습니다. 하지만 6구역에서 출발하여 1구역을 지나 8구역에 도착할 때, 1구역과 8구역은 인접한 구역이 아니므로 1, 8구역과 모두 인접한 2구역 또는 7구역을 지나가야 합니다. 즉, 681번 버스 노선이 될 수 없습니다.
④ 6구역에서 출발하여 7, 2구역을 지나 8구역에 도착하므로 681번 버스 노선이 될 수 있습니다.

STEP 2

정답

1과 4

해설

버스 번호 속에 그 버스가 지나가는 구역에 대한 [규칙]이 들어 있습니다.

첫 번째 번호는 출발 구역, 두 번째 번호는 도착 구역을 나타냅니다.(세 번째 번호는 동일한 출발, 도착 구역을 지나는 버스들을 구분하기 위한 용도입니다.)

버스 노선이 3개 구역을 지나가므로 출발 구역과 도착 구역 사이에는 1개의 구역이 존재할 수 있습니다.

567번 버스는 5구역에서 출발하여 6구역에 도착하므로 0구역을 지나야 합니다.

781번 버스는 7구역에서 출발하여 8구역에 도착하므로 2구역을 지나야 합니다.

896번 버스는 8구역에서 출발하여 9구역에 도착하므로 3구역을 지나야 합니다.

235번 버스는 2구역에서 출발하여 3구역에 도착하므로 8구역을 지나야 합니다.

4개의 버스 노선은 0, 2, 3, 5, 6, 7, 8, 9구역을 지나고 있습니다. 이때, 1, 4구역을 지나가는 버스 노선이 없습니다.

따라서 1개의 버스 노선이 추가된다면 1구역에서 출발하여 4구역에 도착하거나, 4구역에서 출발하여 1구역에 도착해야 합니다.

따라서 버스 번호에 반드시 들어가야 하는 숫자는 1과 4입니다.

## 02 네트워크의 세계 네트워크와 라우팅

STEP 1

정답

D — 1 — B — 3 — A — C — 2

해설

영훈이의 말에서 2번 네트워크에 바로 연결된 라우터는 1개뿐이라는 것을 알 수 있습니다. 따라서 라우터 1개에만 연결된 오른쪽 가장 끝에 위치한 네트워크가 2번 네트워크입니다. 혜진이의 말에서 A 라우터와 2번 네트워크 사이에 C 라우터만 연결되어 있다는 것을 알 수 있습니다.

즉, 오른쪽 가장 끝에 2번 네트워크가 있고, 2번 네트워크 바로 왼쪽에 C 라우터가 연결됩니다. 그리고 A 라우터는 C 라우터 바로 왼쪽에 연결됩니다.

서현이의 말에서 A 라우터의 바로 왼쪽에는 3번 네트워크가 연결되어 있고, 3번 네트워크 바로 왼쪽에는 B 라우터가 연결되어 있다는 것을 알 수 있습니다.

기진이의 말에서 B 라우터의 바로 왼쪽에는 1번 네트워크가 연결되어 있다는 것을 알 수 있습니다.

마지막으로 보람이의 말에서 D 라우터는 2번 네트워크보다 1번 네트워크에 가깝게 위치해야 하므로 남은 라우터 자리 중 가장 왼쪽 끝에 연결됩니다.

따라서 이를 그림으로 나타내면 정답과 같습니다.

STEP 2

정답

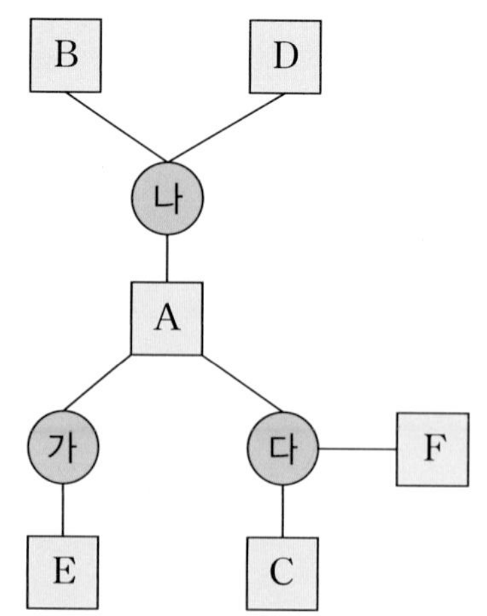


(단, B 네트워크와 D 네트워크는 자리를 바꿀 수 있습니다.)

해설

네트워크와 라우터를 다음 그림과 같이 번호로 나타냅니다.

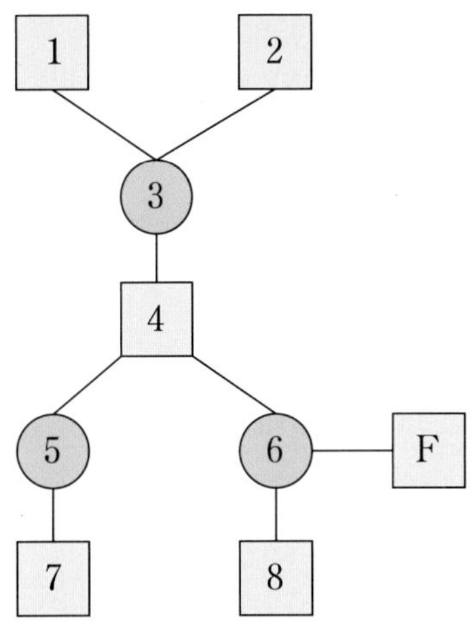


나영이와 민혁이의 말에서 A 네트워크는 2개 이상의 라우터에 동시에 연결되어 있다는 것을 알 수 있습니다. 따라서 4번 자리는 A 네트워크입니다.

영은이의 말에서 1번, 2번 자리는 B 네트워크와 D 네트워크임을 알 수 있습니다.

민혁이의 말에서 3번 자리는 나 라우터임을 알 수 있습니다.

은수의 말에서 F 네트워크와 연결된 라우터는 다 라우터입니다. 그리고 이 라우터는 C 네트워크와도 연결되어 있으므로 8번 자리는 C 네트워크입니다.

마지막으로 남은 라우터 자리는 가 라우터이고, 남은 네트워크 자리는 E 네트워크입니다.

## 03 보안의 세계 네트워크와 해시함수

### STEP 1

**해설**

잘못 입력한 비밀번호가 만드는 해시값: 06

설정된 비밀번호가 가지는 해시값: 31

**풀이**

공개된 나연, 진혁, 수혁, 퐁퐁이의 설정된 비밀번호와 해시값을 이용하여 해시함수가 다음과 같은 3가지 규칙을 가지고 있는 것을 알 수 있습니다.

1. 숫자는 순서대로 하나씩 더한다.
2. 문자는 숫자로 변환한 뒤 더한다.
3. 더한 값이 100을 넘을 경우 그 값에서 100을 빼서 두 자리 수로 만든다.

위의 규칙을 적용하면 학생들의 설정된 비밀번호는 아래와 같은 과정을 거쳐 해시값으로 변환됩니다.

먼저 나연이의 설정된 비밀번호 grape42는 규칙 1, 2에 의해 6+17+0+15+4+4+2=48로, 해시값이 48이 됩니다.

진혁이의 설정된 비밀번호 y1234goodzz는 규칙 1, 2에 의해 24+1+2+3+4+6+14+14+3+25+25=121입니다. 규칙 3에 의해 121−100=21로, 해시값이 21이 됩니다.

수혁이의 설정된 비밀번호 what4is8은 규칙 1, 2에 의해 22+7+0+19+4+8+18+8=86으로, 해시값이 86이 됩니다.

퐁퐁이의 설정된 비밀번호 zforz96은 규칙 1, 2에 의해 25+5+14+17+25+9+6=101입니다. 규칙 3에 의해 101−100=1로, 해시값이 01이 됩니다.

코코의 설정된 비밀번호 87whalexyz는 규칙 1, 2에 의해 8+7+22+7+0+11+4+23+24+25=131입니다. 규칙 3에 의해 131−100=31로, 해시값이 31이 됩니다

한편, 코코가 잘못 입력한 비밀번호 87whalexy는 규칙 1, 2에 의해 8+7+22+7+0+11+4+23+24=106입니다. 규칙 3에 의해 106−100=6으로 잘못 입력한 비밀번호가 만드는 해시값은 06이 됩니다.

따라서 잘못 입력한 비밀번호가 만드는 해시값은 06이고, 설정된 비밀번호가 가지는 해시값은 31입니다.

### STEP 2

**정답**

(**STEP 1**의 규칙에 의해 구한 값)×45

**풀이**

충주의 설정된 비밀번호 loojhere는 **STEP 1**의 규칙 1, 2에 의해 11+14+14+9+7+4+17+4=80입니다.

이때 $80\times45=3600$, $80\times46=3680$이 됩니다.
기준이의 설정된 비밀번호 zzzz7789는 **STEP 1**의 규칙 1, 2에 의해 $25+25+25+25+7+7+8+9=131$이고, 규칙 3에 의해 $131-100=31$입니다.
이때 $31\times42=1302$, $31\times43=1333$, $31\times44=1364$, $31\times45=1395$가 됩니다.
달래의 설정된 비밀번호 sbfe897은 **STEP 1**의 규칙 1, 2에 의해 $18+1+5+4+8+9+7=52$입니다.
이때 $52\times45=2340$, $52\times46=2392$가 됩니다.
세 학생의 설정된 비밀번호를 **STEP 1**의 해시함수를 사용하여 구한 값에 각각 45를 곱하면 문제에서 주어진 해시값의 시작하는 앞의 두 자리 수를 만들 수 있습니다.
따라서 보안을 강화하기 위해 추가된 규칙은 (step1의 규칙에 의해 구한 값)×45라는 것을 알 수 있습니다.

# 04 보안의 세계 블록체인과 보안

## STEP 1

**정답**

②

**해설**

블록체인에서는 이전 블록의 해시값이 거래 내역에 함께 기록되며, 다른 컴퓨터에도 동일한 기록이 남는다는 성질을 알아야 해결할 수 있습니다.
따라서 현재 거래 과정의 현재 해시값과 다음 거래 과정의 이전 블록 해시값이 동일한지 비교해 봐야 합니다.
우선 1코인이 이동한 거래의 순서는 '코코 → 피자 가게 → 박스 업체 → 전기도구 상점 → 퐁퐁이 → 문방구'입니다.

① '전기도구 상점 → 퐁퐁이'는 '퐁퐁이 → 문방구' 기록과 비교해 보았을 때, 현재 해시값과 이전 블록 해시값이 일치하므로 거래에 이상이 없습니다.
② '피자 가게 → 박스 업체'의 경우, 피자 가게에서 박스 업체로 1코인을 지불하여 박스 50개를 주문한 거래 내역에 기록된 현재 해시값은 077303477d4a4a47c7e411bf0e06cf9f이었습니다. 하지만 박스 업체에서 전기 도구 상점으로 1코인을 지불하여 배터리 1상자를 주문한 거래내역에 기록된 이전 블록의 해시값은 6436f58d57d4d3314651a745b66911f3이었습니다. 동일한 거래 내역에 대해 해시값이 서로 다르게 기록되어 있습니다. 따라서 이 주문 과정에서 거래 내역이 한 번 조작되었음을 알 수 있습니다.
③ '코코 → 피자 가게'는 '피자 가게 → 박스 업체'와 비교해 보았을 때 이전 블록 해시값과 현재 해시값이 일치하므로 거래에 이상이 없습니다.
④ '박스 업체 → 전기도구 상점'은 '전기도구 상점 → 퐁퐁이'와 비교했을 때 이전 블록 해시값과 현재 해시값이 일치하므로 거래에 이상이 없습니다.

## STEP 2

**정답**

89

**해설**

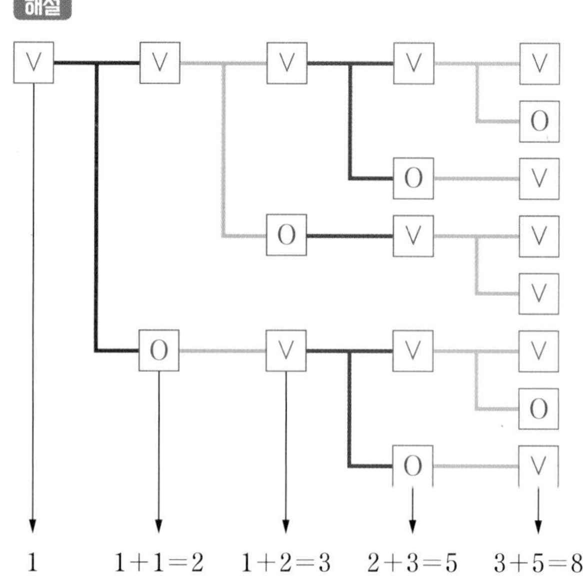

관계도를 살펴보면, 원래의 기록과 변형된 기록은 그 다음 회기 정보 이동 후 모두 원래의 기록으로 저장됩니다. 또한, 원래의 기록은 그 다음 회기 정보 이동에서 원래의 기록과 변형된 기록으로 분산되어 저장되는 것을 알 수 있습니다. 즉, 원래의 기록의 개수는 정보 이동 전 원래의 기록과 변형된 기록의 개수의 합과 같고, 변형된 기록의 개수는 정보 이동 전 원래의 기록의 개수와 같습니다.

1회기 정보 이동 후 저장된 원래의 기록과 변형된 기록의 합은 2개,

2회기 정보 이동 후 저장된 원래의 기록과 변형된 기록의 합은 3개,

3회기 정보 이동 후 저장된 원래의 기록과 변형된 기록의 합은 5개,

4회기 정보 이동 후 저장된 원래의 기록과 변형된 기록의 합은 8개입니다.

따라서 (□+2)회기 정보 이동 후 원래의 기록과 변형된 기록의 합은 □, (□+1)회기 정보 이동 후 저장된 원래의 기록과 변형된 기록의 합을 더하면 됩니다.

즉, 5회기 정보 이동 후 원래의 기록과 변형된 기록의 합은 $5+8=13$ (개)입니다.

6회기 정보 이동 후 저장된 원래의 기록과 변형된 기록의 합은 $8+13=21$ (개)입니다.

7회기 정보 이동 후 저장된 원래의 기록과 변형된 기록의 합은 $13+21=34$ (개)입니다.

8회기 정보 이동 후 저장된 원래의 기록과 변형된 기록의 합은 $21+34=55$ (개)입니다.

9회기 정보 이동 후 저장된 원래의 기록과 변형된 기록의 합은 $34+55=89$ (개)입니다.

따라서 9회기 정보 이동 후 저장된 원래의 기록과 변형된 기록의 합은 89개입니다.

**더 알아보기**

**» 피보나치 수열**

피보나치 수열이란 앞의 두 수의 합이 바로 뒤의 수가 되는 수의 배열을 말합니다. 이 수열을 처음 소개한 사람은 레오나르도 피보나치로, 그의 이름을 따서 피보나치 수열이라고 합니다.

피보나치 수열은 일상생활 속에서도 많이 숨어 있습니다. 다음 영상을 통해 피보나치 수열에 대해 더 많이 알아 볼 수 있습니다.

QR코드를 스캔하여 영상을 확인해 보세요.

▲ 피보나치 수열
(출처: 유튜브 「매쓰몽 수학동화」)

## 05 보안의 세계 네트워크와 백신

### STEP 1

**정답**

④

**풀이**

바이러스에 감염되지 않은 메시지는 전체의 용량을 약속된 용량으로 나누었을 때, 나누어떨어집니다. 하지만 바이러스에 감염된 메시지는 약속된 용량으로 나누었을 때 나누어떨어지지 않고 나머지가 생깁니다.

예를 들어 백신 프로그램에서 감염되지 않은 메시지로 판명된 메시지 '너 오늘 머해? 나랑 놀자!'는 문장 부호 2개, 빈칸 4개, 한글 문자 9개이므로 $(2+4)\times1+9\times2=24$ (바이트)입니다. $24\div6=4$이므로 6으로 나누었을 때, 나누어떨어집니다. 하지만 백신 프로그램에서 감염된 메시지로 판명된 메시지 '너 오늘 머해?? 나랑 놀자!!'는 문장 부호 4개, 빈칸 4개, 한글 문자 9개이므로 $(4+4)\times1+9\times2=26$ (바이트)입니다. $26\div6=4\cdots2$이므로 6으로 나누었을 때, 나누어떨

어지지 않고 나머지가 생깁니다.

또, 백신 프로그램에서 감염되지 않는 메시지로 판명된 메시지 'a23 블록에 있는 간식을 가져다 줘!!!!'는 영어 문자 1개, 숫자 2개, 문장 부호 4개, 빈칸 5개, 한글 문자 12개이므로 $(1+2+4+5)\times1+12\times2=36$ (바이트)입니다. $36\div6=6$이므로 6으로 나누었을 때, 나누어떨어집니다. 하지만 백신 프로그램에서 감염된 메시지로 판명된 메시지 'a23 블록에 있는 간식을 가져다 줘.'는 영어 문자 1개, 숫자 2개, 문장 부호 1개, 빈칸 5개, 한글 문자 12개이므로

$(1+2+1+5)\times1+12\times2=33$ (바이트)입니다.

$33\div6=3\cdots3$이므로 6으로 나누었을 때, 나누어떨어지지 않고 나머지가 생깁니다.

코코가 퐁퐁이에게 보낸 메시지를 검사하는 백신 프로그램에서 약속은 5바이트(Byte)이므로 전체의 용량을 5로 나눠 확인해야 합니다.

① '나 코코인데 방금 전 지갑을 잃어버렸어.'는 문장부호 1개, 빈칸 5개, 한글 문자 16개이므로,
$(1+5)\times1+16\times2=38$ (바이트)입니다.
$38\div5=7\cdots3$이므로 5로 나누었을 때, 나누어떨어지지 않고 나머지가 생깁니다. 따라서 바이러스에 감염된 메시지입니다.

② '나한테 30만 원만 보내줄 수 있어?'는 숫자 2개, 문장 부호 1개, 빈칸 5개, 한글 문자 12개이므로,
$(2+1+5)\times1+12\times2=32$ (바이트)입니다.
$32\div5=6\cdots2$이므로 5로 나누었을 때, 나누어떨어지지 않고 나머지가 생깁니다. 따라서 바이러스에 감염된 메시지입니다.

③ '계좌번호를 보낼게. asap－36－217－222야.'는 영어 문자 4개, 숫자 8개, 문장 부호 5개, 빈칸 2개, 한글 문자 9개이므로,
$(4+8+5+2)\times1+9\times2=37$ (바이트)입니다.
$37\div5=7\cdots2$이므로 5로 나누었을 때, 나누어떨어지지 않고 나머지가 생깁니다. 따라서 바이러스에 감염된 메시지입니다.

④ '지갑에 5만 원이 있었는데 너무 슬퍼!'는 숫자 1개, 문장 부호 1개, 빈칸 5개, 한글 문자 14개이므로
$(1+1+5)\times1+14\times2=35$ (바이트)입니다.
$35\div5=7$이므로 5으로 나누었을 때 나누어떨어집니다. 따라서 바이러스에 감염되지 않은 메시지입니다.

따라서 바이러스에 감염되지 않는 메시지는 ④입니다.

## STEP 2

**정답**

③

**풀이**

바이러스에 감염되지 않은 메시지는 전체의 용량을 약속된 용량으로 나누었을 때, 나누어떨어집니다. 하지만 감염된 메시지는 약속된 용량으로 나누었을 때 나누어떨어지지 않고 나머지가 생깁니다. 따라서 바이러스에 감염된 메시지에서 바이러스를 제거하는 방법은 약속된 용량으로 메시지를 나눌 때, 나누어떨어질 수 있도록 그 용량을 조절해야 합니다.

예를 들어 백신 프로그램에서 감염된 메시지로 판명된 메시지 '우리 집으로 오는 길을 알고 싶으면 이 주소를 열어봐!! 123－267－89 (++)'는 숫자 8개, 문장 부호 및 기호 8개, 빈칸 9개, 한글 문자 21개이므로,

$(8+8+9)\times1+21\times2=67$ (바이트)입니다.

$67\div4=16\cdots3$이므로 4로 나누었을 때, 나누어떨어지지 않고 나머지가 생깁니다.

하지만 백신 프로그램에서 감염되지 않는 메시지로 판명된 메시지 '우리 집으로 오는 길을 알고 싶으면 이 주소를 열어봐!! 123－267－89 (+++)'는 숫자 8개, 문장 부호 및 기호 9개, 빈칸 9개, 한글 문자 21개이므로, $(8+9+9)\times1+21\times2=68$ (바이트)입니다.

$68\div4=17$이므로 4로 나누었을 때, 나누어떨어집니다. 즉, ＋기호를 1개 추가하여 바이러스를 제거했습니다.

먼저 코코가 퐁퐁이이에게 보낸 메시지의 감염 여부를 판단해 봅니다. '어제 보낸 lina의 이메일의 2번째 첨부파일을 열면 안 돼! (++++)'는 영어 문자 4개, 숫자 1개, 문장 부호 및 기호 7개, 빈칸 9개, 한글 문자 20

개이므로 (4+1+7+9)×1+20×2=61 (바이트)입니다. 이때 약속된 용량은 7이므로 7로 나누었을 때, 61÷7=8…5로 나누어떨어지지 않고 나머지가 생깁니다.

① 희철이의 방법을 적용하면 메시지는 영어 문자 4개, 숫자 1개, 문장 부호 및 기호 4개, 빈칸 9개, 한글 문자 20개가 되므로 (4+1+4+9)×1+20×2=58 (바이트)입니다. 58÷7=8…2이므로 7로 나누었을 때, 나누어떨어지지 않고 나머지가 생깁니다. 따라서 바이러스를 제거하지 못했습니다.

③ 기복이의 방법을 적용하면 메지시는 영어 문자 4개, 숫자 1개, 문장 부호 및 기호 9개, 빈칸 9개, 한글 문자 20개입니다. 이는 (4+1+9+9)×1+20×2=63 (바이트)입니다. 63÷7=9이므로 7로 나누었을 때, 나누어떨어집니다. 따라서 바이러스를 제거했습니다.

②, ④ 아영이와 우주의 방법은 메시지의 의미를 변화시키므로 올바른 방법이 아닙니다.

따라서 바이러스를 제거하는 방법을 바르게 말한 사람은 ③ 기복이입니다.

## 06 보안의 세계 네트워크와 암호화

### STEP 1

**정답**

④

**풀이**

① B가 '나'로 암호화된 경우, ABY는 '나나가나나가'로 암호화되어야 하는데 [규칙 2]에 의해 A는 '나'로 시작할 수 없으므로 B는 '나'로 암호화될 수 없습니다. 한편, B가 '나나'로 암호화된 경우, ABY는 '나가나나가'로 암호화되어야 하므로, A는 '나가', Y는 '가'로 암호화됩니다. 따라서 BABY는 암호화될 수 있습니다.

② B가 '가'로 암호화된 경우, ABY는 '나나나가가나가'로 암호화되어야 합니다. A가 '나나나'로 암호화되면, B는 '가'이므로, Y는 '가나가'로 암호화되어야 합니다. 하지만 [규칙 2]에 의해 '가'로 시작할 수 없으므로 Y는 '가나가'로 암호화될 수 없습니다.

한편, A가 '나나나가'로 암호화되면 B는 '가'이므로 Y는 '나가'로 암호화됩니다. 따라서 BABY는 암호화될 수 있습니다.

③ B가 '가'로 암호화된 경우, ABY는 '가가나가가나나'로 암호화되어야 합니다. [규칙 2]에 의해 A는 '가'로 시작할 수 없으므로 B는 '가'로 암호화될 수 없습니다.

한편, B가 '가가'로 암호화된 경우, ABY는 '가나가가나나'로 암호화되어야 합니다. A가 '가나'로 암호화되면 B는 '가가'이므로 Y는 '나나'로 암호화됩니다. 따라서 BABY는 암호화될 수 있습니다.

④ B가 '다'로 암호화된 경우, ABY는 '가나가나다가나가'로 암호화되어야 합니다. B가 '다'로 암호화되었으므로 A는 '가나가나', Y는 '가나가'로 암호화되어야 합니다. 하지만 [규칙 2]에 의해 '가나가'로 시작할 수 없으므로 A는 '가나가나'로 암호화될 수 없습니다.

또, B가 '다가'로 암호화된 경우, ABY는 '나가나다가나가'로 암호화되어야 합니다. B가 '다가'로 암호화되었으므로 A는 '나가나', Y는 '나가'로 암호화되어야 합니다. 하지만 [규칙 2]에 의해 '나가'로 시작할 수 없으므로 A는 '나가나'로 암호화될 수 없습니다.

또, B가 '다가나'로 암호화된 경우, ABY는 '가나다가나가'로 암호화되어야 합니다. B가 '다가나'로 암호화되었으므로 A는 '가나', Y는 '가'로 암호화되어야 합니다. 하지만 [규칙 2]에 의해 '가'로 시작할 수 없으므로 A는 '가나'로 암호화될 수 없습니다.

마지막으로 B가 4글자 이상인 경우는 앞에 위치한 B와 뒤에 위치한 B가 암호화된 문자가 일치하지 않으므로 성립하지 않습니다. 따라서 BABY는 암호화될 수 없습니다.

그러므로 BABY가 암호화될 수 없는 것은 ④입니다.

### STEP 2

정답

| C | H | O | C | O |
|---|---|---|---|---|
| 가 | 나가 | 나나가 | 가 | 나나가 |
| S | O | N | G | I |
| 다다나 | 나나가 | 다나 | 나다 | 다가나 |

해설

C가 '가나'로 암호화된 경우, 문자 H와 O 다음에 C가 다시 나오므로 HO는 '가나나가'로 암호화되어야 합니다. H가 '가나'로 암호화되면 C와 동일하여 성립하지 않으므로 H와 O 둘 중에서 하나는 '가'로 암호화되어야 합니다. 하지만 [규칙 2]에 의해 '가'로 시작할 수 없으므로 C는 '가'로 시작할 수 없습니다. 즉, H와 O는 암호화될 수 없습니다.

한편, C가 한글 문자 3개 이상으로 이루어져 있을 경우 문자 H와 O 다음에 나오는 C의 암호와 일치하지 않습니다.

따라서 C는 '가'로 암호화되어야 합니다.

C가 '가'로 암호화된 경우, 문자 H와 O 다음에 C와 O가 다시 나옵니다.

다음에 나올 C가 문자열의 두 번째 나열된 '가'로 암호화된 경우 HO는 '나가나나'로 암호화되어야 합니다. [규칙 2]에 의해 H는 '나가나', O는 '나'로 암호화될 수 없습니다. H가 '나가'로 암호화되면 O는 '나가'로 암호화되어야 합니다. 하지만 두 번째 오는 O가 '가'로 시작하므로 성립하지 않습니다. 따라서 다음에 나올 C가 두 번째 나열된 '가'로 암호화될 수 없습니다.

다음에 나올 C가 문자열의 세 번째 나열된 '가'로 암호화된 경우 HO는 '나가나나가'로 암호화되어야 합니다. [규칙 2]에 의해 H는 '나가나', O는 '나가'로 암호화될 수 없습니다. 또, H가 '나가나나', O가 '가'로 암호화된 경우 C의 암호 '가'와 중복되므로 성립되지 않습니다. H가 '나가', O가 '나나가'로 되면, 두 번째 오는 O도 '나나가'로 암호화되어야 합니다.

이제 남은 문자는 SONGI는 '다다나나나가다나나다다가나'로 암호화되어야 합니다.

O가 '나나가'로 암호화되어야 하므로 S는 '다다나'로 암호화되어야 합니다.

따라서 NGI는 '다나나다다가나'로 암호화되어야 합니다.

I는 '나', 또는 '가나'로 암호화될 수 없습니다. 만약 '나'로 암호화 된다면 H의 암호가 I의 암호로 시작하기 때문에 [규칙 2]에 의해 성립하지 않습니다. 또한, '가나'로 암호화되면 I의 암호가 C의 암호로 시작이기 때문에 [규칙 2]에 의해 성립하지 않습니다. 즉, I가 '다다가나'로 암호화되면 NG는 '다나나'로 암호화되어야 합니다. 이때 N가 '다'로 암호화되면 I의 암호가 N의 암호로 시작하기 때문에 [규칙 2]에 의해 성립하지 않습니다. 또한, N이 '다나'로 암호화되면 G는 '나'로 암호화됩니다. 이때 H의 암호가 '나'로 시작하므로 [규칙 2]에 의해 성립하지 않습니다. 따라서 I는 '다가나'로 암호화되어야만 합니다.

마지막으로 NG는 '다나나다'로 암호화됩니다. N 또는 G가 '다'로 암호화되면 I의 암호와 중복되므로 성립하지 않습니다. 그러므로 N은 '다나'로, G는 '나다'로 암호화되어야 합니다.

## 07 보안의 세계 네트워크와 복호화

### STEP 1

정답

JACOB

해설

문제에 주어진 표에서 라는 J, 카는 A, 네는 C, 미는 O, 로는 B로 코코의 짝의 진짜 이름은 JACOB입니다.

### STEP 2

**정답**

ADORABLE

**해설**

코코가 자신을 표현한 단어 ACTIVE를 살펴보면, A의 암호화된 문자인 E는 A로부터 시계 방향으로 4칸, C의 암호화된 문자인 B는 C로부터 시계 반대 방향으로 1칸, T의 암호화된 문자인 Y는 T로부터 시계 방향으로 5칸 떨어진 것을 알 수 있습니다. 마찬가지로 I의 암호화된 문자 B는 I로부터 시계 반대 방향으로 7칸, V의 암호화된 문자 B는 V의 시계 방향으로 6칸, E의 암호화된 문자 W는 E의 시계 반대 방향으로 8칸 떨어진 것을 알 수 있습니다.

따라서 자신을 표현한 단어를 암호화하는 단어는 자신을 표현한 단어의 짝수 번째 위치한 문자는 시계 반대 방향으로 주어진 수만큼, 홀수 번째 위치한 문자는 시계 방향으로 주어진 수만큼 떨어져 있는 문자입니다.

암호화한 단어에서 자신을 표현한 단어는 반대로 찾을 수 있습니다. 즉, 암호화한 단어에서 짝수 번째 위치한 문자는 시계 방향으로 주어진 수만큼, 홀수 번째 위치한 문자는 시계 반대 방향으로 주어진 수만큼 떨어져 있는 문자입니다.

퐁퐁이가 암호화한 문자에 이것을 적용하면 D는 A, X는 D, Q는 O, J는 R, H는 A, X는 B, M은 L, V는 E가 됩니다.

따라서 퐁퐁이가 자신을 표현한 단어는 ADORABLE입니다.

## 08 보안의 세계 개인정보와 보안

### STEP 1

**정답**

코코의 휴대 전화번호: 01038759126

변환한 주차용 전화번호: 0911151214100308

**해설**

예시에서 전화번호 471의 숫자가 한 칸씩 뒤로 밀려 보조번호 147이 생성됩니다. 전화번호와 보조번호의 각 자리의 수를 더한 값을 순서대로 나열한 것이 주차용 전화번호입니다.

이와 같은 방법으로 코코의 휴대 전화번호와 보완업체에서 변환한 주차용 전화번호를 표를 이용하여 구하면 다음과 같습니다.

주어진 전화번호를 한 칸씩 뒤로 밀려 보조번호를 생성합니다. 전화번호와 보조번호의 더한 값인 주차용 전화번호를 이용하여 빈칸에 알맞은 수를 써 넣습니다.

| 전화번호 | 3 | | 8 | | 7 | | 5 | |
|---|---|---|---|---|---|---|---|---|
| 보조번호 | 6 | | 3 | | 8 | | 7 | |
| 주차용 전화번호 | 0 | 9 | 1 | 1 | 1 | 5 | 1 | 2 |
| 전화번호 | 9 | | 1 | | 2 | | 6 | |
| 보조번호 | 5 | | 9 | | 1 | | 2 | |
| 주차용 전화번호 | 1 | 4 | 1 | 0 | 0 | 3 | 0 | 8 |

따라서 코코의 휴대 전화번호는 01038759126이고, 주차용 전화번호는 0911151214100308입니다.

### STEP 2

**정답**

퐁퐁이의 휴대 전화번호: 01072641543

변환한 주차용 전화번호: 2114122404052012

**해설**

예시에서 전화번호 519의 숫자가 한 칸씩 뒤로 밀려 보조번호 951이 생성됩니다. 전화번호와 보조번호의 각 자리의 수를 곱한 값을 순서대로 나열한 것이 주차용 전화번호입니다.

이와 같은 방법으로 퐁퐁이의 휴대 전화번호와 보완업체에서 변환한 주차용 전화번호를 표를 이용하여 구하면 다음과 같습니다.

주어진 전화번호를 한 칸씩 뒤로 밀려 보조번호를 생성

합니다. 전화번호와 보조번호의 곱한 값인 주차용 전화번호를 이용하여 빈칸에 알맞은 수를 써 넣습니다.

| 전화번호 | 7 | | 2 | | 6 | | 4 | |
|---|---|---|---|---|---|---|---|---|
| 보조번호 | 3 | | 7 | | 2 | | 6 | |
| 주차용 전화번호 | 2 | 1 | 1 | 4 | 1 | 2 | 2 | 4 |
| 전화번호 | 1 | | 5 | | 4 | | 3 | |
| 보조번호 | 4 | | 1 | | 5 | | 4 | |
| 주차용 전화번호 | 0 | 4 | 0 | 5 | 2 | 0 | 1 | 2 |

따라서 퐁퐁이의 휴대 전화번호는 01072641543이고, 주차용 전화번호는 2114122404052012입니다.

## 정리 시간

1.

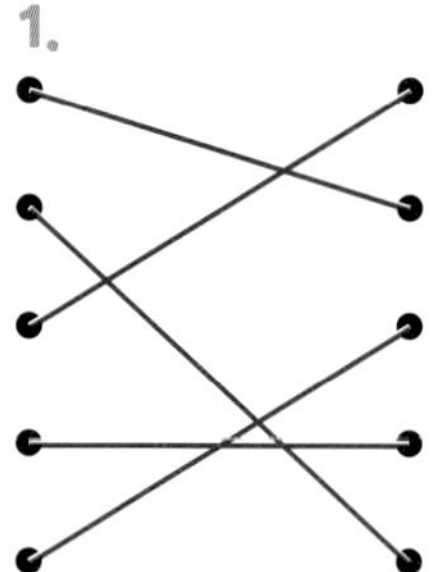

2.

〈예시답안〉

(1) 네트워크에 대해 내가 알고 있던 것

• 컴퓨터 네트워크의 고유 주소인 ip 주소에 대해 알고 있었다.

• ip 주소는 4부분으로 나누어져 있다는 것을 알고 있었다.

• 네트워크를 서로 이어주는 라우터 장치에 대해 알고 있었다.

(2) 네트워크에 대해 내가 새롭게 알게 된 것

• 다른 사람의 컴퓨터에 무단으로 침입하여 프로그램과 자료를 망가뜨리거나 훔치는 행동을 해킹이라고 부르는 것을 알게 되었다.

• 데이터가 담긴 블록들을 사슬의 형태로 엮은 데이터 저장기술인 블록체인에 대해 새롭게 알게 되었다.

(3) 네트워크에 대해 내가 더 알고 싶은 것

• 블록체인을 이용하여 거래를 할 때, 거래를 안전하게 지켜 주기 위해 사용되는 보안기술에 대해 좀 더 자세히 알고 싶다.

## 쉬는 시간

Q

〈예시답안〉

• 사용할 기법: 모양 바꾸기 기법, 더하기 기법

• 디지털 기술 또는 물건: 블루투스 스피커

• 아날로그 기술 또는 물건: 축음기

• 설계: 블루투스 스피커의 모양을 축음기 모양으로 변형합니다. 그리고 축음기에서 나는 듯한 음이 갈라지는 소리를 블루투스 스피커에서 나오는 소리 위에 덧입혀 들을 수 있는 선택 기능을 설계합니다. 축음기로 노래를 듣는 감성을 블루투스 스피커로 쉽고 편리하게 느낄 수 있습니다.

MEMO

MEMO

SD에듀와 함께 꿈을 키워요!

www.sdedu.co.kr

코딩 · SW · AI 이해에 꼭 필요한

# 초등 코딩 사고력 수학 4단계(SW 영재교육원 대비)


| | |
|---|---|
| 개정1판1쇄 발행 | 2024년 05월 03일 (인쇄 2024년 03월 07일) |
| 초 판 발 행 | 2021년 09월 03일 (인쇄 2021년 07월 15일) |
| 발 행 인 | 박영일 |
| 책 임 편 집 | 이해욱 |
| 편 저 | 김영현 · 강주연 |
| 편 집 진 행 | 이미림 |
| 표지디자인 | 박수영 |
| 편집디자인 | 홍영란 · 곽은슬 |
| 발 행 처 | (주)시대교육 |
| 공 급 처 | (주)시대고시기획 |
| 출 판 등 록 | 제 10-1521호 |
| 주 소 | 서울시 마포구 큰우물로 75 [도화동 538 성지 B/D] 9F |
| 전 화 | 1600-3600 |
| 팩 스 | 02-701-8823 |
| 홈 페 이 지 | www.sdedu.co.kr |
| I S B N | 979-11-383-6928-2 (63410) |
| 정 가 | 17,000원 |

코딩 · SW · AI 이해에 꼭 필요한

# 초등 코딩 Coding 사고력 수학 시리즈

수학을 기반으로 한 **SW** 융합 학습서

초등 **SW** 교육과정 완벽 반영

**언플러그드 코딩**을 통한 흥미 유발

**초등 컴퓨팅 사고력 + 수학 사고력** 동시 향상

코딩 · SW · AI 이해에 꼭 필요한 초등 코딩 사고력 수학

**백석윤** 서울교육대학교 수학교육과 교수

〈**코딩 · SW · AI 이해에 꼭 필요한 초등 코딩 사고력 수학**〉은 수학적 능력의 핵심에 해당되는 수학적 문제해결력을 요즘의 수학 학습 트렌드인 코딩 활동과 접목시켜 한층 심화 · 확장된 초등 수학의 창의적 학습을 가능케 하는 신개념 창의사고력 학습 교재입니다. 어렵게 느껴질 수도 있는 코딩과 수학적 요소들을 학생들의 눈높이에 맞춰 친절하고 충실하게 설명하고 있습니다. 특히, 학생들 스스로가 충분히 이해하고 학습할 수 있도록 치밀하게 구성되었다는 점이 돋보입니다. 트렌드에 맞는 주제를 접목시켜 학생들의 사고력 향상의 기틀을 다져줄 본 교재를 높은 신뢰감과 함께 적극 추천합니다.

**박만구** 서울교육대학교 수학교육과 교수

미래에는 인공지능을 기반으로 한 자동화 시대가 도래할 것입니다. 이를 위해 미래를 살아갈 학생들이 이를 대비할 수 있도록 수학 사고력과 컴퓨팅 사고력을 기반으로 하여 최적의 판단을 할 수 있게끔 융합 사고력을 길러 주는 것이 필수적입니다. 이 책에서 제시한 소재들은 교과서에서는 접하기 쉽지 않은 것들로, 학생들이 호기심을 가지고 수학과 컴퓨터의 작동 원리를 이해하도록 하면서 융합 사고력을 기르는 데 도움을 줄 것입니다.

코딩 · SW · AI 이해에 꼭 필요한

# 초등 코딩 사고력 수학

Coding

**4단계** SW 영재교육원 대비

## 코딩 · SW · AI 이해에 꼭 필요한 초등 코딩 사고력 수학 시리즈

3

- 초등 SW 교육과정 완벽 반영
- 수학을 기반으로 한 SW 융합 학습서
- 초등 컴퓨팅 사고력 + 수학 사고력 동시 향상
- 초등 1~6학년, SW영재교육원 대비

4

## 안쌤의 수 · 과학 융합 특강

- 초등 교과와 연계된 24가지 주제 수록
- 수학 사고력 + 과학 탐구력 + 융합 사고력 동시 향상

※도서의 이미지와 구성은 변경될 수 있습니다.

## 안쌤의 신박한 과학 탐구보고서 시리즈

5

- 모든 실험 영상 QR 수록
- 한 가지 주제에 대한 다양한 탐구보고서

## 영재성검사 창의적 문제해결력 모의고사 시리즈

6

- 영재교육원 기출문제
- 영재성검사 모의고사 4회분
- 초등 3~6학년, 중등